青少年感兴趣的

100个 动物奥秘

QINGSHAONIAN GANXINGQU DE 100GE DONGWUAOMI

>>>>>>>>>>> 本书编写组◎编 <<<<<<<<<<

世界图书出版公司

广州·上海·西安·北京

图书在版编目（CIP）数据

青少年感兴趣的 100 个动物奥秘 /《青少年感兴趣的
100 个动物奥秘》编写组编 . —广州：广东世界图书出
版公司，2011．4（2021.5 重印）
　ISBN 978－7－5100－3441－1

　Ⅰ . ①青… Ⅱ . ①青… Ⅲ . ①动物－青年读物②动物
－少年读物 Ⅳ . ①Q95－49

　中国版本图书馆 CIP 数据核字（2011）第 058339 号

书　　名	青少年感兴趣的 100 个动物奥秘	
	QINGSHAONIAN GANXINGQU DE 100 GE DONGWU AOMI	
编　　者	《青少年感兴趣的 100 个动物奥秘》编写组	
责任编辑	王　红	
装帧设计	三棵树设计工作组	
责任技编	刘上锦　　余坤泽	
出版发行	世界图书出版有限公司　世界图书出版广东有限公司	
地　　址	广州市海珠区新港西路大江冲 25 号	
邮　　编	510300	
电　　话	020-84451969　84453623	
网　　址	http://www.gdst.com.cn	
邮　　箱	wpc_gdst@163.com	
经　　销	新华书店	
印　　刷	北京兰星球彩色印刷有限公司	
开　　本	787mm×1092mm　　1/16	
印　　张	13	
字　　数	160 千字	
版　　次	2011 年 4 月第 1 版　2021 年 5 月第 9 次印刷	
国际书号	ISBN　978-7-5100-3441-1	
定　　价	38.80 元	

前　言

　　动物，包括原生动物、海绵动物、腔肠动物、扁形动物、线形动物、环节动物、软体动物、节肢动物、棘皮动物和脊索动物等，已知的约有 130 万种。它们有的生活在陆地上，有的生活在水中，有的生活在上千米的高原上，有的生活在干旱的沙漠中，有的长命百岁，有的只活一天……

　　动物与人类的关系十分密切。

　　家养动物、鱼类和毛皮兽等是工业和医药原料；狗猫是人的亲密伙伴；鸡鸭鱼肉给人带来美食；牛、马、骆驼、大象勤勤恳恳地为人类服务。各种动物组成的食物链维持了动物界的生态平衡。很多昆虫、蜱螨和啮齿类等危害农业和林业；许多低等动物是人类和其他动物的寄生虫；有些还传播人和动物的疾病，以及植物病害的病原，等等。除了上面提到的动物常识外，你还知道哪些呢？你知道大熊猫为什么吃素吗？你知道长颈鹿的血压是多少吗？你知道斑马美丽的条纹不是供人欣赏的吗？你知道鳝鱼会变性吗？你知道狗皮肤为什么不出汗吗？你知道凶残的食人鱼吗？你知道鲸鱼为什么"自杀"吗？你知道为什么骆驼被称为"沙漠之舟"吗？你知道在标本室收藏了四年的蜗牛死而复生吗？你知道乌龟为什么长寿吗？……当你读完这本《青少年最感兴趣的100个动物奥秘》后，这些疑问都会迎刃而解。

本书从科学的角度探讨了100个动物的奥秘，让青少年读者在紧张的学习生活之余，在轻松愉悦的阅读过程中，走进形形色色的动物世界，了解动物的逸闻趣事，开阔视野，增长见识。

目 录

鸟换羽毛的奥秘

不论什么鸟的羽毛都会定期更换。换毛的时期、次数和规律因种类而异。

大多数成鸟每年秋季换羽一次；有些种类一年换两次，一次在春季，一次在秋季；个别鸟种（如雷鸟），雌性一年换三次，雄性换四次。秋季换羽是全部更换，其余时间一般是换一部分。候鸟大多换羽后迁飞，但有的在换羽中开始迁飞，有的在越冬区换羽。大型羽毛（如飞羽和尾羽）的更换有一定的规律性：尾羽一般先由最外侧一对起按顺序向中间更换，如雉；有的先由最中间开始，如鹑；啄木鸟飞羽的更换顺序是，次级飞羽由两侧开始，初级飞羽由中间开始。换羽期间的鸟类飞行力不强，一般比较隐蔽。鸭类秋季换羽时，飞羽几乎同时脱落，失去飞行能力。这时，雄鸭的羽衣酷似雌

性，称闺羽。大多数种类的幼鸟在离巢出飞时开始换羽。凡是雌雄羽色不同的鸟类，幼鸟都似雌鸟；凡是雌雄羽色相似的，幼鸟常与亲鸟不同。

换羽与内分泌作用有关，特别是甲状腺在换羽期间活动加强，所分泌的甲状腺素促进新陈代谢，有利于羽毛的迅速更新。另外，换羽与生殖相互交替，在生殖腺活动时，换羽是抑制的，因此秋季换羽在生殖期以后才开始。

知识小链接

候 鸟

候鸟是那些有迁徙行为的鸟类，它们每年春秋两季沿着固定的路线往返于繁殖地和避寒地之间。在不同的地域，根据候鸟出现的时间，可以将候鸟分为夏候鸟、冬候鸟、旅鸟、漂鸟。如果鸟类，在它避寒地则视为冬候鸟，在它的繁殖地（或避暑地）则为夏候鸟，在它往返于避寒地和繁殖地途中所经过的区域则为旅鸟。在一定广域范围，或是夏居山林，冬居平原处的则视为漂鸟。

鸟类的排泄方式

如果仔细观察麻雀、鸽子或者鸡的生活习性，可以经常看到它们的屁股后面会排出一摊湿乎乎的东西，而不会像马、猪等动物一样排出液体的尿来。

　　其实，鸟也有肾脏，也有泌尿的功能，和肾脏相连的输尿管，也能帮助运输尿液。但鸟却没有膀胱，无法把肾脏不断形成的尿贮存起来。家鸽的输尿管直接开口于泄殖腔，尿总是和粪一起排出体外。鸡的消化道和泌尿生殖道有共同的通道，被两片环形黏膜褶分为三个部分。一是与直肠相连的粪道；二是有输尿管和生殖管开口的泄殖道；三是与肛门相通的肛道。鸡的直肠很短，食糜在其中停留不了多长时间，直肠的主要功能是吸收一部分水分和盐类，并形成粪便，排入泄殖腔，再与尿混合后一起排出体外。新鲜的鸡粪中，有70%以上是水分，难怪总是湿乎乎的。

　　善于飞翔的鸟，由于剧烈运动，机体的新陈代谢很旺盛。除了肾中的肾小管能够通过重复吸收作用使尿浓缩以外，泄殖腔也能吸收不少水分。因此鸟的尿量较少，排出体外经过氧化后，粪便上就形成了白色的凝结物。

　　不宜久留粪便和无法贮存尿液的特点，使鸟类不得不随时排出粪尿，这对于鸟类来说，也是为了减轻体重而长期适应飞翔生活的结果。

鸟在树枝上睡觉的原因

不少的鸟到了一定的年龄和季节，就要筑巢安家落户了。它们安"家"并不是自己去住，而是用来生儿育女，还可用它掩护幼雏不受敌人的伤害。特别是在阴雨连天的夜间，老鸟用身体和翅膀来温暖幼雏，使它们免受狂风暴雨的侵袭。幼雏长大后，把巢窝塞得满满的，这时老鸟便没有了立足之地，也就不再进巢而是停在树枝或地面上过夜。

你知道吗

啄木鸟的舌头为何长在鼻孔里

啄木鸟的舌细长而富弹性，其舌根是一条弹性结缔组织，它从下腭穿出，向上绕过后脑壳，在脑顶前部进入右鼻孔固定，只留左鼻孔呼吸，这种"弹簧刀式装置"可使舌能伸出喙外达12厘米长，加上舌尖生有短钩，舌面具粘液，所以舌能探入洞内钩捕5目7科30余种树干害虫。

仅有少数的鸟一年四季都栖居在巢窝里，如常见的啄木鸟、麻雀、喜鹊和白鹳等。大多数鸟平时是不住在巢窝内的，而是寻找一个比较安全的地方，在树林内抓握住细树枝，甚至在电线上便可休息和睡眠了。那么，这些鸟长时间在树枝上休息或是整夜睡眠，为什么不会从上面掉落下来呢？

原来，鸟类的后肢与一般动物不同，它们的后肢有发达的肌肉和肌腱。鸟的后肢肌肉比前肢肌肉发达，这是因为前肢骨有的愈合在一起，而且也不太活动，带动翅膀上下扇动的主要是靠发达的胸肌。后肢的肌肉之所以发达，虽然与鸟类的运动有关系，特别是一些善走和善游的鸟，但与它们能长时间握枝休息和睡眠，需要有发达的肌肉来支持整个身体的重量关系更大。

当鸟儿全身放松蹲下睡觉时，能用身体的重压使脚趾自动紧握住树枝；当鸟儿睡醒后站立起来时，它腿上的肌腱又重新舒展开来。

同时，鸟类为了适应环境的需要，在长期的飞翔生活中练就了一套高超的平衡本领，这也是它们能在睡眠时不会从树上掉下来的重要原因。

此外，由于鸟的小脑部最为发达，视野也很大，不但使它们能适应飞翔的生活，同时对调节运动和视觉，很好地保持平衡也有重要作用。这是鸟类保持稳定而掉不下来的又一个原因。

鸟类怎样迁徙

每个地方的鸟类，一般由留鸟、夏候鸟、冬候鸟和旅鸟四部分组成。世界上约9000种的鸟类中有一半属于候鸟。

鸟类一年四季都生活在某地，而不随季节迁徙的叫作留鸟。因气候变化、食物短缺等原因而迁往别处的叫作候鸟，如野鸭冬天迁往云南，在昆明滇池生活，就叫作昆明地区的"冬候鸟"。春夏又返回北方繁育后代，在北京等地生活，因此它们又是北京的"夏候鸟"。有些鸟类在迁徙旅途中只作短暂的休息、寻食和夜宿，而不久留，这对本地来说，叫作该地的旅鸟。

鸟类迁徙的距离少则数十、数百千米，多则上千千米。迁徙时，各种鸟类飞行的高度随大小和习性而有所不同，一般多在1000米以下。小型的鸟类，如柳莺则在300米左右，少数鸟类如天鹅，能飞越世界最高峰——珠穆朗玛峰，飞行高度超过9000米。

鸟类迁徙多在夜间，一般持续6~8小时。有些飞行能力差的小型鸟，每飞100千米就要寻地休息。一些大型鸟飞行本领强，能日夜兼程直往迁徙地，如大雁常在白天飞过海洋，夜间飞越陆地，因此更为安全。鸟类迁徙有自己的路线和居住点，甚至多年不

广角镜

迁徙给鸟类带来的好处

迁徙给鸟类带来许多好处，主要表现在：①使鸟类始终生活在最适的气候里，并有丰富多样的食物来源；②迁徙还能为养育后代创造最合适的条件；③在北方能最大量地孵卵，季节昼长，有丰富的昆虫，亲鸟能有机会充分收集食物；④迁徙能使活动空间大为扩展，有利于繁殖和争夺占区的行为；⑤迁徙提供了鸟类种群向新的分布区扩散以及不同个体间接触和交配的机会，因而在进化方面也具有十分重要的意义。

变。生活在陆上的鸟类，多沿山脉、河流、湖泊迁徙。生活在海边的鸟类多沿海岸飞行。据研究，鸟类判定方向是靠太阳的方位和星星排列的位置，也有人认为鸟能利用地磁场定向。

调查研究表明，我国鸟类迁徙到云南主要有两条路线：一条是我国北方及西北方的一些鸟类，从青藏高原顺横断山脉这条天然的南北走廊南下，经洱海、大理、下关，然后沿哀牢山及元江经新平至滇南越冬，也有部分鸟继续南飞到东南亚越冬；另一条是包括四川及邻近省的一些鸟，由四川盆地人金沙江河谷到滇东北永善的马兰、莲峰、巨林，再向南经滇中的宜良到富宁的鸟王山，沿途有些鸟择地而栖不再前进了。

为什么雄鸟比雌鸟美丽

鸟类都有羽毛覆盖全身，其中翼羽和尾羽最长。一般来说，雄鸟和雌鸟的羽毛在色彩和形状上都有较大差别。绝大多数雄鸟高大美丽，而雌鸟则矮小灰暗。公鸡和母鸡相比，公鸡身躯较高大，红彤彤的鸡冠、金黄色的颈羽和鲜艳夺目的尾羽，像五彩缤纷的绫罗缎带；而母鸡则羽毛灰暗，个体矮小，尾羽较硬而无光泽。雄孔雀更引入注目，逗人喜爱，它头戴蓝色羽冠，通身闪烁着翠蓝色、紫铜色的光泽，长长的尾覆羽镶嵌着金光闪闪的眼状斑，绮丽无比；而雌孔雀则相形见绌。鹦

鹈雄鸟除了羽毛比雌的华丽美观以外，还有一个漂亮、强健而弯曲的鲜红的嘴巴，而雌鸟则为黑色。

有少数鸟类，如鸽子、斑鸠、乌鸦、鸭子、相思鸟等，雌雄羽毛色彩相差无几，个体大小也差不多，有的甚至雌雄难以区别。有一些鸟类雌雄平时羽毛无大差别，但一到繁殖季节，雄鸟长出鲜艳的羽毛以吸引雌鸟，这叫"婚装"，如凫鸭和鹬类。

为何鸟类的雌雄有如此大的差异，而雄鸟一般总比雌鸟美呢？这要从鸟类的婚配及其繁殖环境关系方面去认识。鸟类多为"一夫多妻"制，这就需要雄鸟有艳丽的外貌来招引更多的配偶，漂亮鲜艳的羽毛比较明显，容易起到这个作用。然而一旦完成了交配，雄鸟即飞离巢穴而去。"一夫多妻"制的鸟类，其筑巢、孵化、育雏等，大多由雌鸟担任，雄鸟仅起助手作用。即使是"钟情"于伴侣的雄犀鸟，在雌鸟孵化期间，它虽然到处觅食，殷勤地饲喂，但也从不直接坐窝。有的雌鸟在孵化期不吃食物，以繁殖前体内贮存的脂肪为能量。雌鸟由于长期在窝内孵化，灰暗的体色恰好适合于巢和四周环境的颜色，不易被天敌发现，有利于保护自己和幼鸟，从而有利于种族繁衍。雄鸟鲜艳多姿的羽毛，也正好与花果累累的取食环境相适应。而夫妻共同孵化的相思鸟交替坐窝，因此羽毛色彩差异很小。刚孵出的幼鸟不论雌雄，它们的毛色都像母体，雄幼鸟只有独立生活之后才渐渐呈现父体的模样。这些现象说明鸟类的羽毛色彩与求偶、繁殖、孵卵、育雏直接相关，它是长期与环境相适应的结果。

鸟儿脸红的奥秘

在自然界，鸟也和人类一样会脸红。科学家已经找到了鸟类脸红的原因和原理。

在最近一期的《比较生物化学与生理学》上，一篇研究论文指出，脸红是为了使身体上感到躁热或是心理上激动的鸟类平静下来。它与脸红的人的情况差不多。

该论文的主要作者朱安·约瑟·尼钴禄告诉记者：鸟类的脸红与人类有相似之处。他解释说："年轻女子在参加舞会之前，常常会捏自己的脸颊使其变得更红润。现在，一些女性会抹胭脂，以便向男性显示她们是美丽而健康的。而鸟类也试图让配偶看到自己好的一面，因此两者有相似的地方。"

一开始，尼钴禄和他的同事就对所有会脸红的鸟的种类进行了记录。会脸红的鸟包括鸵鸟、凤头卡拉鹰、头巾秃鹫、鹈鹕、火鸡等。研究者注意到大多数会脸红的鸟类都是深色的，且个体较大，并多生活在酷热气候中。

而后，科学家对凤头卡拉鹰和头巾秃鹫的脸部皮肤进行了详细分析。他们分别从这些鸟羽毛下以及裸露皮肤处采集样本。在高倍放大镜下，裸露部分的皮肤显示出了大量的动脉、静脉以及连接动脉静脉的血管吻合处，且所有这些都被相互连

接的组织和富有弹性的纤维分隔开来。这一发现与在火鸡肉垂上所发现的一样。在火鸡的肉垂上，其结构能够使皮肤中充满血液，从而变红。相反，羽毛下的皮肤的血管则较少并被连接性组织掩盖住。

尼钴禄说："血液能够通过皮肤散发热量，因此我们假设鸟类脸红也是为了调节体温，同时功能又逐渐进化出另一种机智包括状况信号指示、求偶信号指示以及其他视觉线索。"他解释说，例如鸵鸟在求偶时就经常脸红。雄鸵鸟在因看到雌鸵鸟而兴奋时，它们的脖子和脸都会变红。

而与人类一样，鸟类在觉得热或是情绪波动时脸也会变红。

尼钴禄说："我曾见过不同的秃鹫种群为了食物如一只死牛而争斗。这时，它们的脸就会变红。此外，在我们西班牙的研究室，我们发现火鸡在很热的时候，脸也会变红。"

萨斯喀彻温大学的鸟类生物学教授加里·波托罗提告诉记者，他赞同该观点，而且他的确也见过大秃鹫脸红。

波托罗提说："这一领域的研究在很大程度被忽视了，尼钴禄做了一项富有革新意义的工作，并揭示出鸟类学中着色及信号方面的有趣问题。"

我国独有的褐马鸡

提起动物中的"国宝"，人们首先想到的是我国的大熊猫。其实，至今仍鲜为人知的珍禽褐马鸡，也可称得上是"国宝"。

褐马鸡只生活在河北和山西的深山里，为我国独有。由于数量稀少，所以就更加珍贵，被列为国家一类保护动物。

褐马鸡古称"鹖"，据说从汉代起，我国历朝帝王就常将饰有褐马鸡羽毛的帽子——"鹖冠"赐给武将，藉此以壮威勇。这至少说明，远在 2000 年前，褐马鸡就已经引起人们的注意了。

4 月底 5 月初的山西小五台山依然寒风凛冽，有时甚至风雪交加。可是褐马鸡已经预感到春天就要来临，开始了一年一度的争偶——雄鸡之间为争夺配偶而进行搏斗。获胜的雄鸡与雌鸡形影不离，白天一同在地上刨食橡子、松子或昆虫，晚间则双双栖息在树上。褐马鸡飞行能力较差，遇到敌害时，总是发出惊叫声，迅速地往

高处奔跑，到了山顶或大石头上时，再急促地拍动几下翅膀向对面山坡或山下滑翔。不久，就可以在山下听到它们"咕、咕、咕"的召唤声。之后，褐马鸡便小心地沿着较隐蔽的地方互相靠拢。

5月底6月初，一对对褐马鸡开始营造非常简陋的巢。巢通常建在密林深处的岩洞里、大树下或乱树丛中。褐乌鸡每窝产8～10枚卵。产完卵后雌鸡就开始孵卵，雄鸡则在周围的树上或岩石上警戒。

孵卵期间，不论刮风下雨，雌性褐马鸡总是坚守岗位，一动不动。它每天仅离巢采食一次，离巢时间通常不超过半个钟头。有趣的是，雌性褐马鸡离巢前，总是先坐立不安，左右摆动身体，伸长脖子观察周围的情况，并用脚拨动身下的卵，然后站起来，非常谨慎地离开巢，并从巢周围叼回几根小草、细枝或树叶放在卵上。孵化二十五六天后，小褐马鸡破壳问世了。待雏驳绒羽干噪并睁开眼后，雌性褐马鸡就弃巢而去了。

在抚育雏鸡时，褐马鸡"夫妻"的责任心都非常强。

成鸡带领儿女边走边觅食，它们用嘴翻动厚厚的落叶层，找出蚂蚁卵、金龟子幼虫、小蜘蛛等，然后叼起放下，重复几次给雏鸡做"示范"。雏鸡很快就学会了。在静静的山林中，褐马鸡走动、翻动枯树叶和呼唤雏鸡的"咕咕"声，几十米外都可听到，这使人们很容易就可找到它们。

一旦发现敌人，成鸡立即发出惊叫声，雏鸡听到叫声后，马上四处奔跑，很快钻入灌木丛或草丛中，趴在那里一动也不动瞪大眼睛观察动静。雏鸡有着很好的保护色，因而很难发现它们。雏鸡逃跑后，成鸡急速向高处奔跑，其速度之快可以和骏马相比。待危险解除、山林又恢复原来的宁静之后，双亲才返回原地，发出叫声。只有这时，雏鸡才纷纷从各自的隐蔽处跑出来，回到双亲的身旁。不管在多么复杂的环境下，雌雄褐马鸡总是有能力返回到雏鸡躲藏的地方，它们的辨认能力实在惊人。

褐马鸡这种家族式的生活一直维持到雏鸡翅膀长硬，能飞为止。几个月后，几个家族集中到一起，结成大群，有时可达三四十只，晚间成群栖息在树上，它们的这种群体生活维持到第二年配对时才结束。

没有翅膀的几维鸟

人们一般认为鸟儿都长有一双翅膀，正是因为有一对翅膀，才能"天高任鸟飞"。但是，有一种几维鸟却没有翅膀。因而，这种鸟儿是不能在蓝天上展翅飞翔的。

几维鸟因叫声"几维"而得名，被新西兰人看作是自己民族的象征，并且定为国鸟。新西兰人常常自豪地说："我是一只几维鸟。"意思就是"我是一个新西兰人"。

几维鸟又名"鹬鸵"，属鹬鸟类中最原始的鸟类。它形如梨子，浑身长满蓬松细密的羽毛。虽然几维鸟不能飞翔，可是

它的双腿却粗短有力，善于奔跑，时速可达16千米。几维鸟攻击能力极强，其武器就是粗短有力的双腿，发起脾气来还能将另一只同类鸟踢出一二米外。几维鸟喙尖而细长，休息时可当作第三条腿来保持身体的平衡，就像一个三角架，极其稳当。几维鸟具有奇特的嗅觉功能，它的鼻孔长在喙部的最尖端，可以找到距地面20厘米土层下的小虫。几维鸟以食昆虫、蚯蚓、浆果、叶子等为生，白天躲在地洞或树根洞内，晚上才出来觅食。它眼睛小视力弱，走起路来跌跌撞撞，有时大白天奔走时遇到前方篱笆挡道，也会毫不回避地一头撞上去。

雌性几维鸟一般一两年才下一次蛋，每次一两枚。虽然它的个头与普通母鸡差不多，但下的蛋比鸡蛋大五倍，相当于自身体重的 $1/4 \sim 1/3$。如以鸟的体重和鸟蛋的比例而论，几维鸟蛋恐怕是世界鸟类中最大的蛋。

不会飞的企鹅

企鹅基本实行"一夫一妻"制，对爱情比较专一。曾有人用了十多年时间对近千只企鹅进行观察，发现82%的企鹅始终维持原配，其中有一对共同生活达11年之久，可谓是白头偕老了。

企鹅求偶时常常对歌鸣唱，动作滑稽可笑，一会儿相互扇动着翅膀，一会儿把细长扁平的长嘴一齐指向天空。生活在南极不毛之地的阿德里企鹅，求偶方式更加有趣。雄企鹅求爱前需要挑选一些卵石作为见面礼，这在冰天雪地的南极可不是一件容易的事。于是雄企鹅为了"心上人"往往采取盗窃行为——到邻居处偷一块卵石。当求偶季节到来时，它便把卵石放在雌企鹅脚下，接着退后几步在一旁静候佳音。一旦双方认可了，雌雄企鹅就在雪地

的背风处筑起洞房，开始产卵育儿。

企鹅的身体大都是扁平的，背部为深灰色或黑色，下体为纯白色或黄色。它的羽毛很特别，羽轴宽而短，在身体表面成为鳞状。换羽时，全身羽毛大块脱落，一般要十多天才能换完。企鹅的脚长在身体的后部，因此可以直立行走，不过相当缓慢。遇到危险时，它便俯身躺倒，用后足和鳍脚推撑地面，以约 30 千米/小时的速度在冰雪上飞跑。

企鹅原本属于飞鸟，现在已退化成善于游泳和潜水的海鸟，它的游泳时速可达 36 千米。

企鹅有群集的习性，这有利于防风保暖。它还有一种强烈的归巢本领，每当繁殖期临近时，数千万只企鹅在南极大陆的漫长黑夜降临之前，长途跋涉，日夜兼程地赶往栖息地。

在所有的鸟中，企鹅是长得最不像鸟的鸟。它们的生活方式也和大多数鸟有着明显的区别。

企鹅既不能像飞禽那样在天上飞，也不能像走禽那样在地上快速地行走。企鹅生活在南极周围的海洋里，是鸟类中最出色的潜水员。它们可以在水下呆 20 分钟，下潜到 200 米深的海里。它们的食物自然也是海里的鱼和别的小动物。企鹅的小短腿上长着鸭子似的脚掌，脚趾之间还有便于游泳的蹼。善于潜水的企鹅并不把带蹼的短腿当作游泳的工具，而是把它当作控制方向的舵轮。为了在水下迅速前进，企鹅用力拍打已经变成鳍的翅膀，可以说，企鹅是用自己的翅膀在水下飞翔。到了水里，企的翅膀变成了桨，脚也变成了尾鳍。靠着流线型的身体，它们在水里来去自如。

不过，企鹅毕竟不是鱼，而是鸟。所以，和别的鸟一样，企鹅也要呼吸空气；它的蛋，也要在岸上才能孵出小企鹅来。

和别的鸟不一样，企鹅树桩似的小短腿不是和肚子连在一起，而是直接长在臀部上的。虽然这种身体结构在水里有很大的优势，但到了岸上，却使企鹅的行动困难重重。不管是站立还是走路，它都必须把身体挺得笔直。

企鹅的腿太短了，每次只能迈出一小步，走起路来，身体摇摇摆摆，欲快不能。如果企鹅真的想快速前进，或从高处到低处去，它就会肚皮着地向前滑行。这时，小短腿成了推进器，推动整个身体向前滑。好在企鹅在陆地上的时间并不太多，除了求偶和孵化小企鹅外，它们大部分时间都在水里度过。企鹅在陆地上的活动范围，不是在冰雪笼罩的海岸边，就是在海面的坚冰层上，那里几乎没有陆地猛兽。因此，企鹅走得慢一点也没什么关系。

琴鸟的奥秘

澳大利亚的热带森林里有一种稀有珍禽——琴鸟。它外形奇特，长相非凡，还能模仿其他鸟类的鸣声，是一位多才多艺的"口技大师"。

琴鸟体长 80 厘米左右，喙强而直，足健善走，但飞翔能

力较弱，主要靠滑翔。它的尾巴异常美丽，雄鸟有 16 枚尾羽，大部分呈栗色并镶有黑缘，最外侧一对尾羽长达 70 厘米，宽 3.5 厘米左右，色彩斑斓。当它的尾羽竖起展开时，就像古希腊的七弦竖琴，所以称之为"琴鸟"。

琴鸟冬季繁殖，雄鸟以娓娓动听的歌声、优美的舞姿以及漂亮艳丽的琴尾，频频开屏向雌鸟求爱，它一会儿站在树枝上引吭高歌，一会儿又跳到地面展开美丽的尾羽反复表演，当雌鸟终于被吸引至雄鸟的面前时，雄鸟的尾羽便朝着雌鸟快速颤抖、滑动，尽情展示其雄姿。

琴鸟实行"一夫多妻"制，雌鸟独自承担生儿育女的职责。在秋末冬初之交，雌鸟便开始寻物筑巢，每次仅孵育一个卵。孵卵期为 35～40 天，一个半月左右雏鸟生出羽毛，体重增加到母亲的一半，而且可由母亲陪伴出巢，但仍部分依靠母鸟喂食，直到 8 个月以后才完全独立生活。雄琴鸟 5～7 年后才生出典型的成年尾羽，其寿命为 15 年。

骗鸟孵卵、育雏的杜鹃

杜鹃又名布谷鸟，因鸣声"布谷、布谷"而得名。

杜鹃平时多单独活动。在生儿育女时，它并不像其他鸟类那样筑巢、孵卵、育雏。它不筑巢、不孵卵、不育雏，但却能照样繁殖后代，这是为什么呢？

原来，杜鹃在繁殖期间，不像其他鸟类那样雌雄成对生活在一起，而是雌雄乱配，交配之后便各奔东西。雌杜鹃在产卵前先物色好其他鸟巢，如黄莺、云雀等，然后悄悄地窥视动静，伺机行事。一旦老鸟离巢，它就赶紧在对方已垒好的窝内下蛋，然后衔着窝主人的蛋离去，让窝主人在毫无察觉中替自己孵蛋育雏。

杜鹃在长期的生存演化中练就了一套以假乱真的本领。它的蛋在颜色、大小、斑点、花纹上与所占鸟巢内的蛋完全一致。因此，小杜鹃的义亲根本识不破其中的诡计，一心一意"为他人做嫁衣"，

把别人的孩子当作自己的子女来抚养。小杜鹃往往比义兄义弟先出世，它在出生后的30多小时内可把巢内的一切东西扔到巢外，这是它的本能行为，因此同巢中义亲的蛋或刚孵出的义雏往往被它们摔得干干净净。可怜的"父母"还不知道自己的亲生子女已惨遭不幸，仍毫无察觉，精心照料着巢内的"独生子"。然而，小杜鹃却并不领情，十多天后羽毛丰满了，它便跟着在附近活动的"生母"远走高飞了。

杜鹃虽然如此"偷懒"、"狡猾"，但它却是益鸟，特别爱吃松毛虫，堪称捕捉松毛虫的能手，是护林的卫士。杜鹃有大杜鹃、四声杜鹃等好几种。四声杜鹃叫起来四声一度，在北方的夏季将要割麦子的时候，它常常叫个不停，声音像叫人"快快割麦！快快割麦"！其实这都是人们听了它"四声一度"的叫声后融进了人的思想感情编造出来的。不同地方的人对四声杜鹃叫声含义的说法各有不同，如有的地方说它的叫声似"光棍好过"，反映了旧时农民的生活很苦，单身汉还比较好过，但要结婚生子，养一家老小就非常困难了。也有的地方说它的叫声像在说"不如归去"，因而古代又给它取了"催归"的别名。

在古代，流传着"杜鹃啼血"的传说。这是因为杜鹃嘴里的上皮和舌都是红色的，看起来像是染上了鲜血，它有时叫的时间又很长，所以古人就以为杜鹃"啼得满口流血"。还有一种传说，说它啼出的血把一种花的颜色都染红了，这种花就是杜鹃花。杜鹃花春季开花，花呈漏斗形，花冠红色，裂片里有深红色的斑点，好像是点点鲜血，这当然是古人毫无科学根据的一种假想。明代李时珍在他所著的《本草纲目》中，指出"杜鹃赤口"，首次纠正了古代诗文中"杜鹃啼血"的错误认识。

能工巧匠园丁鸟

园丁鸟分布于澳大利亚和新几内亚。雄性园丁鸟具有的高超的建筑艺术才能，是其他鸟类所望尘莫及的。

居住在澳大利亚东部雨林中的紫园丁鸟，雄鸟非常勤奋，发育成熟后，早在交配季节到来之前，就开始营建亭子以吸引配偶。它先在林间地上选择一个树荫不太浓的地方，清理出一块 1 平方米左右的地方，用一束束的树枝插成互相平行的两列，筑成一条通往亭子的几十厘米长的林荫甬道。然后着手修筑亭子，并选择黄绿色的枝叶、五颜六色的花、鹦鹉的羽毛等进行装饰，雄鸟"心灵手巧"，甚至还会从居民家里衔来玻璃珠、钮扣、彩色毛线和金属丝来作装饰品，还用蓝色浆果的果汁给亭子内部缀色。雄鸟把门开在亭子南端，这样可吸收更多的阳光。在门前的空地上，铺着细枝和青草，里面有各种各样的收藏品，包括叶、花、果、蘑菇、石刀、贝壳等，这些都是雄鸟求爱时向雌鸟炫耀的资本。当那些鲜花和浆果干枯后，紫园丁鸟就用新鲜的来代替，为了让自己的房子更加漂亮，它们

总是尽可能地增加自己的收藏，甚至相互偷窃。

一旦有雌鸟来到漂亮的亭子前，雄鸟便兴高采烈，向对方介绍"洞房"的华丽，同时跳起优美的求婚舞，衔起各种精致的珍品让客人观赏。这种求爱表演一直进行到赢得雌鸟的爱慕，然后双双进入"洞房"为止。

由于种类不同，雄性园丁鸟修筑的建筑物也有很大不同，装饰品的选择和求婚仪式更是多种多样。

园丁鸟的亭子仅仅是为求婚而设计的洞房，实际上真正的孵卵巢是由雌鸟在婚后修筑的。这是一种相对简单的杯形巢，建在离亭子几百米远的空地上或树枝上。雌鸟单独孵卵和照顾后代，而雄鸟则继续忙于修饰亭子，以引诱别的雌鸟。

为什么火烈鸟的羽毛如火焰般鲜红

火烈鸟喜欢群居，非洲的小火烈鸟群是当今世界上最大的鸟群。严格来说，火烈鸟不是候鸟，它们只在食物短缺和环境突变的时候迁徙。迁徙一般在晚上进行，为的是避开猛禽类的袭击。迁徙中的火烈鸟每晚可以 50~60 千米的时速飞行 600 千米。

与普通动物通过伪装的方式来逃避天敌不同，大火烈鸟羽毛鲜艳的颜色非常引人注目，特别是一大群大火烈鸟飞翔时，其场景蔚为壮观，因此，大火烈鸟事实上是一种很容易被攻击的动物。这种鲜艳的红色并非是一种伪装，而是与这种鸟类所摄取的食物有很大的关系。

那么火烈鸟一身的火红色，是怎么生成的？原来，肯尼亚裂谷区共有大小8个湖泊，其中6个是咸水湖。这些湖泊地处大裂谷的谷底，都是地壳剧烈变动形成的火山湖。火山喷发后飘散的熔岩灰，经雨水的冲刷流入湖中，而这些湖泊都没有出水口。这样，长年累月，造成湖水中盐碱质沉积。这种盐碱水质和赤道线上强烈的阳光，是藻类滋生的良好条件。这些湖泊，特别是纳库鲁湖和纳特龙湖，都生长着一种暗绿色的螺旋藻。此种水藻正是火烈鸟赖以为生的主要食物。

为适应以水藻为食的条件，火烈鸟生有一个极其别致的长喙。长喙上平下弯，尖端呈钩状。每到浅滩觅食，火烈鸟就将其头埋到水中，用其长喙在水中搅动。这样，水中的有机物，特别是那些藻类浮游生物就飘浮到水面，火烈鸟趁机一股脑儿吞到口中。口中生有一种薄筛状的过滤板，能将螺旋藻从浑水中过滤出来，然后吞下肚去。

火烈鸟是自然界唯一用这种过滤办法觅食的禽鸟。一只火烈鸟每天大约吸食 250 克螺旋藻。螺旋藻中除含有大量蛋白质外，还含有一种特殊的叶红素。这就是为什么火烈鸟的羽毛如火焰般鲜红的原因，于是，有人戏称大火烈鸟为"好色之徒"。当大火烈鸟进行周期性换羽，而体内色素沉积程度还不够时，它新长出的羽毛就是白色的。

肯尼亚大峡谷马革迪湖上的火烈鸟，不辞辛劳，飞越万重关山寻找它们特别喜爱的浅水滩上的碱性藻类，因为这是它们繁衍后代的唯一营养食物。

猫头鹰靠什么捕捉猎物

科学发现，猫头鹰的眼球呈管状，有人形象地把猫头鹰的眼睛形容成一架微型的望远镜。在猫头鹰眼睛的视网膜上有极其丰富的柱状细胞。柱状细胞能感受外界的光信号，因此猫头鹰的眼睛能够察觉极微弱的光亮。如果把鸟眼比做照相机的话，那么大多数适于白天活动的鸟的眼睛是小口径的标准镜头，猫头鹰的眼睛就是大口径、长焦距的望远镜头。因此在很长一段时间里，人们一直认为猫头鹰是靠视觉在黑暗中飞行和捕食的。但是，如果用一般鸟类所具有的视觉感觉系统来衡量猫头鹰的话，那么要达到猫头鹰这样的视力，它的整个脑部就得都由视觉神经组成。

近代，先进的科学技术把对猫头鹰行为的研究推向新的阶段。一些鸟类学家把苍鸮（猫头鹰的一种）放在全黑的房间里，用红外摄影设备观察苍鸮的捕鼠活动。实验做得非常巧妙。室内除了地面上撒一些碎纸条外，没有其他任何东西。实验开始时，鸟类学家把一只老鼠放入实验室，开始录像。从录像上发现，只要老鼠一踏响地面的碎纸，苍鸮就能快速、准确地抓获它。正因为猫头鹰在夜间有这么好的视力，大家才习惯叫它"夜猫子"。

鸟类学家们进一步研究发现，猫头鹰的听觉非常灵敏，在伸手不见五指的黑暗环境中，听觉起主要的定位作用。猫头鹰的左右耳是不对称的，左耳道明显比右耳道宽阔，而且左耳有很发达的耳鼓。大部分猫头鹰还生有一簇耳羽，形成像人一样的耳廓。猫头鹰的听觉神经很发达，一个体重只有 300 克的苍鸮约有 9.5 万个听觉神经细胞，而体重 600 克左右的乌鸦却只有 2.7 万个。

另外，猫头鹰脸部密集着生的硬羽组成面盘，而这个面盘是很好的声波收集器。猫头鹰硕大的头使两耳之间的距离较

大，这可以增强对声波的分辨率。当一只猫头鹰在黑暗的环境中搜索猎物时，它对声音的第一个反应是转头，如同我们在听微小响动时侧耳倾听一样。但是猫头鹰并不是真正地侧耳倾听，它转头的作用是使声波传到左右耳的时间产生差异。当这种时间差增加到30微秒以上时，猫头鹰即可准确分辨声源的方位。猫头鹰一但判断出猎物的方位，便迅速出击。猫头鹰的羽毛非常柔软，翅膀羽毛上有天鹅绒般密生的羽绒，因而猫头鹰飞行时产生的声波频率小于1千赫，而一般哺乳动物的耳朵是感觉不到那么低的频率的。这样无声地出击使猫头鹰的进攻更有"闪电战"的效果。据研究，猫头鹰在扑击猎物时，它的听觉仍起定位作用。它能根据猎物移动时产生的响动，不断调整扑击方向，最后出爪，一举奏效。当然，猫头鹰在捕食中视觉和听觉的作用是相辅相成的，它正是在各方面适应夜行生活而成为一个高效的夜间捕猎能手。

由于猫头鹰惯于夜间捕捉田鼠进食，因此，它的睡眠时间是在白天。而它们睡觉的方式也很独特，总是睁一只眼闭一只眼。

信天翁血战美国海军

航行在太平洋里的人们，常常可以看到一群振翅盘旋的海鸟——信天翁，追随着海轮寻觅食物。在蓝天碧海之间，信天翁能巧妙地利用海面的气流，像滑翔机一样高速翻飞，随便兜一个圈子就是 2000 ~ 3000 米，在短短的 1 个小时里能横扫 113 千米的海面。

信天翁是大洋里最大的海鸟，身长 1 米有余，展开双翅长达 3.7 米，体重 8 ~ 9 千克，披着一身犹如浪花般的白色羽毛，只是在双翼尖及尾羽有些黑褐色。有趣的是，信天翁能长时间地停留在空中，有时甚至几个小时不扇动一下翅膀，任凭风来吹送。所以它最得意于令人胆战心惊的海洋风暴，这时信天翁便能驾御长风进行博击。据记载，一只信天翁在 12 天内能飞越 5000 多千米的航程。

信天翁不喜欢风平浪静的日子，因为海上没有一但上升气流供它们滑翔。不能乘风翱翔，就不得不扇动那细长的翅膀。没有风的时候，它在陆地简直无法起飞。

尽管信天翁好高骛远，但很恋家园，一旦有敌害入侵，它们会奋起而攻之。这里还有一个传说，第二次世界大战时，美国海军准备在中途岛海域的一个荒凉小岛上建立军事基地，他们派出几名侦察兵，乘着夜色悄悄地登上荒岛侦察情况。可是，万万没有想到，这一行动竟惊动了岛上的主人——信天翁。顷刻间，这些"海岛卫士"一哄而起，直把他们全部赶下

海去。夜间侦察失败，美军决定白天继续登岛察看。然而，他们还未到达岸边，成群结队的信天翁鸣叫着向美国登陆的海军俯冲。强而有力的双翅、锐利的脚爪、尖尖的长喙拼命攻击入侵者，美军的登岛计划又一次受挫。在无可奈何的情况下，美军派出飞机前往轰炸。出人意料的是，轰炸激怒了附近海岛上的信天翁。它们蜂拥而至，同登陆的海军士兵展开了一场激烈的"血战"，斗得难分难解。

一不做二不休的美军竟然求助于毒气。顷刻间岛上毒烟翻滚，信天翁遍天抛尸，令人惨不忍睹。但是，幸存的信天翁并不屈服。岛上修公路、筑房舍和建机场的士兵，必须在高射机枪的火力掩护下，才能勉强进行作业。

后来，虽然机场修好了，飞机却无法飞行。信天翁时时成群在机场上盘旋，有时干脆

趣味点击 爱情忠贞的信天翁

信天翁繁殖较晚。刚发育成熟后，幼鸟会在繁殖季节临近结束时出现在繁殖地，但时间很短；接下来的几年内它们才会花越来越多的时间上岸来寻求未来的另一半。当一对配偶关系确立下来后，通常就会一直生活在一起，直到一方死亡。"离婚"只发生在数次繁殖失败后，并且代价很大，因为它们接下来几年内都不会繁殖，直至找到新的配偶。

与飞机在空中相撞，事故频频发生。据说，1957 年，美国海军准备在中途岛附近的另一个小岛上建立航空基地，岛上也有无数的信天翁。美军鉴于过去的教训，迟迟无法动工。

信天翁体魄雄健，飞行矫健有力，不畏强风暴雨，许多岛上的居民都把它们奉作"天神"，世世代代和它们和睦相处，备加爱护。

鳄鱼和牙签鸟为什么能成为好朋友

提到鳄鱼，大家都会毛骨悚然。鳄鱼是凶残的，但是小小的牙签鸟却敢于从鳄鱼口中取食。牙签鸟因为这种同鳄鱼的亲密关系，又被称为鳄鱼鸟。

凶猛的鳄鱼饱餐一顿后，就会在河边闭目养神，或爬到沙滩上沐浴阳光。这时，常常有许多牙签鸟在它背上飞来飞去，好像在跟鳄鱼亲切交谈。当鳄鱼醋醋入睡时，牙签鸟却毫不客气地拍打着翅膀，将它从甜梦中惊醒，鳄鱼便百依百顺地张开大嘴。让牙签鸟飞到口腔里，去啄食它牙缝中残食剩饭。牙签鸟迅速地把嵌在鳄鱼牙齿缝间的鱼、蚌、蛙、田螺等肉屑一一啄取吞进腹内。

鳄鱼虽然被这样

的卫生服务员打扫得舒舒服服，但饱餐后的鳄鱼也会因瞌睡而闭上大嘴。不过，牙签鸟自有解脱之法。它用尖硬的喙轻轻地碰刺鳄鱼松软的口腔，鳄鱼便会立刻张大嘴，让这些鸟继续工作或飞离。

鳄鱼对其他动物凶恶残忍，为什么对待牙签鸟却是那样的仁慈和谦让呢？这是因为，牙签鸟是一种非常机敏的鸟类，它在啄食鳄鱼牙缝中的残食时，格外警惕周围的一切，充当着鳄鱼的义务警卫员，一旦发现敌情，便惊叫几声向鳄鱼报警，鳄鱼得到报警信号后，便入水底避难。可见，牙签鸟不仅是鳄鱼的"活牙签"，还是它的忠实朋友。

一般人还认为，牙签鸟是鳄鱼的牙科医生，没有它们的帮助，鳄负的牙齿就会坏掉。多少年来，人们一直对这个说法坚信不疑，并且把牙签鸟和鳄鱼的友谊当成是动物之间互惠共生的范例。然而近年来，一些动物学家却提出了不同的看法。

他们认为，现在到非洲大陆旅游的人越来越多，其中有不少摄影家或摄影爱好者。如果他们见到了小鸟钻到鳄鱼嘴巴里的有趣场面，无论如何也会摄下这珍贵的镜头。然而，这样的照片却一张也没有。另外，到非洲进行考察的众多科学家，也都没有见过这种奇异的现象，只有两位动物学家自称看到过牙签鸟飞到鳄鱼嘴里吃东西的场面，但他们讲述的事情都没有具体的时间和地点，没有真凭实据，不能让人信服。

为了揭开这个千古之谜，美国加州大学的鸟类专家豪威尔专程来到非洲埃塞俄比亚的甘贝拉地区，进行了两个半月的考察。因为多数动物学家认为，牙签鸟应该是分布在尼罗河流域的"埃及鸻",而甘贝拉地区正是研究埃及鸻最理想的地方。同时,这里还有很多非洲鳄鱼。

这种被叫做"牙签鸟"的埃及鸻,大小跟鸽子差不多,长着黑、白、灰、浅黄4种颜色的羽毛,远远望去,特别醒目。这些小鸟特别勇敢,只要有同类或猛禽入侵它们的"领地",它们就会展开双翅进行攻击,就是老鹰,也会在埃及鸻的顽强攻击下败下阵来。

在长达两个半月的考察中,豪威尔教授不辞劳苦,早出晚归,发现了埃及鸻的不少有趣的生活习性,这都是前人从未了解到的。但他从来没有看到埃及鸻在鳄鱼嘴里捉虫的现象。因此这位鸟类专家认为,即使鳄鱼与牙签鸟是好朋友的故事是有根据的,也是十分罕见的现象,不应该把它看做是动物之间互惠共生的范例。

鸵鸟遇到危险时会把头埋在沙子里吗

鸵鸟,是产于非洲和美洲的一种体形巨大、不会飞但奔跑得很快的鸟,脖子长,没有颈毛,头小,脚有二趾,是目前世界上存活着的最大的鸟。多分布于非洲和阿拉伯半岛的部分地区。鸵鸟卵是现代最大的卵。

雄鸵鸟高约2.75米,重达155千克,颈长几乎占身体的一

半，雌鸟稍小。雄鸟体羽大部呈黑色，但翅和尾羽白色；雌鸟大部褐色。头和颈的大部分淡红至浅蓝；稍有绒羽；头小，喙短而稍宽；眼大，褐色具浓黑色睫毛。它们生活在沙漠草原地带。群居，嗅觉、听觉灵敏，善奔跑，且可瞬间改变方向，一步可跨8米，时速可达每小时70千米，能跳跃达3.5米。在迅速奔跑时两翼张开，用以平衡。以植物的茎、叶、种子、果实及昆虫、蠕虫、小型鸟类和爬行动物等为食。

鸵鸟没有牙齿，却有着不寻常的胃，会大量吞食小石子，用来弄碎食物帮助消化，而石子会留在胃里不排泄。

为了采集那些在沙漠中稀少而分散的食物，鸵鸟是相当有效率的采食者，这都要归功于它们开阔的步伐、长而灵活的颈子以及准确的啄食。鸵鸟吃植物的叶、花、果实及种子等，也吃小动物，属于杂食性。鸵鸟啄食时，先将食物聚集于食道上方，形成一个食球后，再缓慢地经过颈部食道将其吞下。由于鸵鸟啄食时必须将头部低下，很容易遭受掠食者的攻击，故觅食时不时地抬起头来四处张望。

传说鸵鸟在遇到危险时会把头埋进沙子里，因为看不到而不再害怕。这种说法，其实是人类的一种错误的理解。鸵鸟生活在沙漠地带，那里阳光照射弱烈，从地面上升的冷空气同低空的冷空气相交，由于散射而出现闪闪发光的薄雾。平时鸵鸟总是伸长脖子透过薄雾去查看，而一旦受惊或发现敌情，它就干脆将潜望镜似的脖子平贴在地面，身体蜷曲一团，以自己暗褐色的羽毛伪装成石头或灌木丛，加上薄雾的掩护，就很难被敌人发现了。

鸵鸟将头和脖子贴近地面还有两个作用：一是可听到远处的声音，有利于及早避开危险；二是可以放松颈部的肌肉，减少疲劳。事实上，并没有人真正看到过鸵鸟将头埋进沙子里去的情景，如果那样，沙子会把鸵鸟憋死的。

大秃鹰的奥秘

在南美洲智利的安第斯山的悬崖峭壁上，或海拔三四千米的高原上，栖居着一种猛禽，名叫大秃鹰，又叫秃鹰、美洲鹰。它是禽中最大的鸟，人称"百鸟之王"。大秃鹰一般长1.5米，伸开双翅宽达4米，是猛禽中的庞然大物。在南美的西部海岸上旅行的人们，常常会看到这种猛禽挺立在绝壁险石上搜寻猎物，一旦发现猎物便会猛扑过去。

美洲大秃鹰的个头很大，外形丑陋，是禽类中最难看的一种鸟。它的头和颈部裸出，裸露颈可以避免把脑袋伸进猎物的尸体时沾带脏物。雄性大秃鹰还长着红色的肉冠，喉部有肉

垂，瘦长的颈项下部有一圈白色的柔软羽毛，与其余部分的乌黑羽毛形成鲜明对比。

大秃鹰的爪很强健，抓取东西猛狠有力。大秃鹰喜欢吃腐烂的尸体，特别是那些死去的骆驼更是它们争抢的美餐。当没有腐尸可吃时，大秃鹰也常袭击牛、羊、鹿和其他畜类，甚至敢从正在撕食猎物的美洲狮子、美洲老虎口中夺食，吓得狮子、老虎狼狈逃窜。但当它吃得过饱时，行动迟缓，又容易变成人和狮子的猎物。

熊的家族

各种熊类体躯粗壮、肥硕，吻部较长，尾极短小，体长1.5～2米，体重100～400千克。四肢粗强有力，前后肢均具五趾，蹠行性，以整个足掌着地而行。熊是食肉兽中属杂食性的大型动物，共 67 种，分布于欧亚大陆、北非和南、北美洲。既有严格局限于北极地区的北极熊，亦有仅栖居热带、亚热带丛林的马来熊。棕熊分布最广，生活在北温带以北的广大地区，包括欧亚大陆和北美北部。常见种亚洲黑熊个体较小，俗称狗熊，走路是侧对步，则侧的前后足一齐迈步，步行姿态摇摆，给人以笨拙的形象。

　　熊栖息于山林中，取食青草、嫩枝芽、苔藓、浆果和坚果，也到溪边捕捉蛙、蟹和鱼，掘食鼠类，掏取鸟卵，更喜舐食蚂蚁，盗取蜂密，甚至袭击小型鹿、羊或觅食腐尸。熊类冬眠时，蛰伏洞内不食不动，新陈代谢降低，呼吸频率减缓，而体温不显著下降。冬眠中若遇惊动，就能苏醒，偶然也出洞活动。冬眠洞穴位于向阳的避风山坡或枯树洞内，时间可持续4~5个月。怀孕的雌熊在冬眠洞内产仔，翌年出蛰时带新生幼仔一起出洞。在我国东南各省，黑熊往往不冬眠。熊类除冬眠期外，无固定栖息场所。在非发情交配期，雌、雄皆单独活动。

　　熊在和对手斗争的时候，常常要站起身来，仿佛摆出身体

高大、体强力壮的架势似的，这是它们在生活过程中逐渐形成的要在气势上压倒对方的习性。其实不仅是熊，几乎所有动物都是这样的，只不过每种动物所表现的方式不同罢了。

另外，熊袭击对手不单是要把对方打败，还要把对方抓来美餐一顿，所以必须直立身体防止猎物逃跑。在它们的生活中，学会直立起身体，做出从上往下扑的架势，能给对方造成很大的压力，对方会由于畏惧而蜷伏在地上。这样，熊就能很容易地将对方抓住。

拓展阅读

棕熊的食性

棕熊是杂食性动物。一般来说，植物性食物占了60%～90%，这其中包括各种植物根茎、块茎、草料、谷物及各种果实等等。其余则为动物性食物，例如昆虫、啮齿类动物、有蹄类动物（例如麋鹿、驯鹿、驼鹿野牛等等）、野猪、鱼和腐肉等等。

黑熊主要分布在喜马拉雅山脉、中印半岛、中国、日本等国家和地区。它全身毛色漆黑，只有鼻子和嘴部的毛呈黄色，胸前一道"V"型白色斑带，是区别于其他熊类的主要标志。黑熊体型大，四肢粗壮，后足有肥厚的肉垫；听觉和嗅觉灵敏，但视力很差。它会游泳、爬树，还能像人一样直立行走，黑熊主要吃植物性食物，还吃蜜蜂、蚂蚁、鼠类等。黑熊性情孤僻，喜欢独来独往，一般不主动伤人，但常常危害农作物。

每年9月中旬，黑熊开始大量进食，12月份便爬进岩洞和树洞，或者钻进自己挖的洞里，进入冬眠，直到第二年的3

月份。

黑熊的皮下有厚厚的脂肪，作为冬眠的营养。在冬眠期间黑熊不吃不喝，只靠消耗体内的脂肪维持生命。在冬眠过程中母熊还要产仔，哺育后代。刚生下的幼熊只有250克左右，经过母熊一年左右的哺育，小熊才能独立生活。

在民间流传着这样说法："遇到狗熊时，如果装死就能幸免于难"。

狗熊是杂食性的动物，连牧场上的牛它也敢袭击。虽然狗熊习惯吃活的动物，但在肚子饿的时候也会去吃动物的死尸。如果遇到狗熊时装死，体温是不会改变的，仍然会有被吃掉的危险。即使不会被吃

拓展阅读

黑熊的主要分布

黑熊居住区主要分布在亚洲南部，这支居住大军的分布位置从阿富汗贫瘠的山区开始，沿着巴基斯坦和印度北部、尼泊尔、不丹，直到缅甸和我国的西南部，包括海南岛和台湾。偏北的一支则分布在我国的东北、俄罗斯东南以及日本的四国和本州。

掉，也有可能会遭其粗壮有力的前掌的伤害。所以，装死不是一个绝对安全的办法。

如果和狗熊突然相遇，最好的办法是先瞪着对方的眼睛不动，然后轻轻地放下手上的东西，如果手里什么也没有，就把身上的衣服脱下来放下；然后，一边注视着对方一边慢慢地后退，当退到狗熊看不到的地方时，就可以顺利逃走了。但要注

意的是，遇到狗熊时不能大声喊叫，那样会使它兴奋起来，招来凶猛的袭击。

在美国黄石森林公园生活着一种冬眠的野生灰熊。为了揭开它的冬眠之谜，美国的葛莱德兄弟组成了一支考察队，来到灰熊出没的地方，利用生物无线电远程观察技术对灰熊进行观察。

他们捉到灰熊以后将灰熊麻醉，再把编有号码的塑胶标竿插进灰熊耳朵里，接着给它称体重、量身高，最后再套上一个塑胶圈。这个塑胶圈能够发出各种无线电信号，考察队员根据塑胶圈发出的信号，就能观察到它们的一举一动。

当冬天来临时，灰熊就开始做过冬的准备了。它们在背阴的山坡上或峡谷绝壁的大树底下选择地方，开始挖新洞穴。新居建成后，再铺上一些松树枝，灰熊就可以舒舒服服地过冬了。

科学家们根据塑料圈发出的无线电讯号，发现灰熊的新陈代谢变慢了，这是冬眠前的第一个迹象。它们一头钻进洞里，倒在树枝上，用爪抱着脑袋，蜷缩着身子，发出低沉的吼声，然后就沉睡起来。这时候，灰熊的体温下降，心跳和呼吸减慢，冬眠开始了。

经过多年考察，科学家们发现，灰熊对节令非常敏感。

有一年，暴风雪来临，气温一下子降下来，仿佛提前进入了冬天。灰熊向峡谷地区慢慢走去，它们来到洞穴跟前，却没有进洞。灰熊好像感觉到还不是冬眠的时候，就继续修起它的"越冬别墅"来。几天后，太阳出来了，天气转暖，地上的积

雪也融化了，气温又有所升高。灰熊的预测果然灵验。

科学家们研究了大量资料，认为灰熊身上有一种神秘的"生物钟"。它还有一套察觉地球"脉搏"的本领，"脉搏"包括气湿、气压、降雪、猎食困难等，这些因素能拨动灰熊的"生物钟"。当天气变冷时，生物钟敲起第一次"钟声"，灰熊懒洋洋地打着呵欠，开始挖洞，准备冬眠；当第二次"钟声"敲响时，灰熊就活动了，它漫步山林，可是不马上进洞；等第三次"钟声"响过之后，灰熊才钻进洞里，开始冬眠。

生活在北极圈里的驯鹿

驯鹿是生活在北半球的寒带动物，主要分布在北极圈内。我国大兴安岭西北部也有分布。

野生驯鹿的特殊习性就是集体迁移。每年入冬，成千上万头驯鹿汇集成巨大的鹿群，从北向南，向森林冻土带的边缘地带浩浩荡荡转移。10～11月，在通往越冬地区的途中，驯鹿的交配期来临。驯鹿经过一番激烈的竞争后与雌鹿交配成功。之后，雄鹿汇成为数不多的几股继续南迁，而怀孕的雌鹿和幼鹿通常滞留在通往冻土带的南部路途上，驯鹿再往北方、北冰洋沿岸进发。通常是由成年母鹿充当先行者。四五月份，鹿群到达它们熟知的冻土带僻静处，在此养儿育女，抚养幼鹿。

驯鹿的一大特点就是有许多不规则枝桠的大长角，还有四只与其他鹿不同的蹄子——每只蹄子上的四个爪趾都套有角状的"鞋"，且两旁的"鞋"很长，可直接触及地面；中趾的角状套十分宽大，弯曲得像个铲子。驯鹿的四只蹄子有多种功用，当鹿蹄踏在泥泞或松软的雪地上时，伸开爪趾，四蹄就成了一种"雪鞋"，同时它还是刨开雪层的有力工具。驯鹿强壮而灵活的四肢和坚硬宽大的四蹄，使它能刨开铁锹都难以对付的坚固的雪被，从深约 1 米的雪下获得食物。

驯鹿还有顽强的耐寒能力和良好的游泳本领。它的皮毛分内外两层，外层针毛细长的毛干充满空气，又长又脆；内层绒毛既柔软又密集，绒毛间也饱含空气。这种结构具有良好的保温功能，加上驯鹿皮下脂肪很厚，它们也就能在冰天雪地里生存下来了。

驯鹿是植食性动物，以地衣与苔藓为主要食物，也吃青

草、柳叶和鲜蘑菇等。

　　人类驯养驯鹿已有 1000 多年历史了。它不仅是雪原良好的运输工具，也能供给人们肉、乳、脂肪、毛皮，鹿茸还可入药。

长颈鹿长脖子的优点和缺点

　　长颈鹿是世界上身体最高的珍奇动物，主要分布在非洲的埃塞俄比亚、苏丹、肯尼亚、坦桑尼亚和赞比亚等国。但是，许多人可能并不知道，长颈鹿的祖籍却在亚洲。

　　古生物学家研究认为，长颈鹿起源于亚洲。在中国和印度的一些地方，距今 2000 多万年至二三百万年前就曾经生活着长颈鹿的祖先。不过，当时的长颈鹿颈和腿没有现在那么长。后来，由于地球生态环境和气候的变化，食物缺乏，脖子短的长颈鹿因为够不着高树上的叶子而相继死去，脖子长的则顽强地生存下来。这样，长颈鹿的分布范围逐渐缩小到东非和南非一带。

　　长颈鹿体高五六米，穿一身斑驳耀眼的花衣裳。它有一双锐利的眼睛，可以及时发现远处的敌兽。别看它体型庞大，奔跑起来却十分快捷，时速可达五六十千米。如果遭受偷袭，长颈鹿也毫不示弱，顽强地用它的长腿给予坚决反击。长颈鹿的

长腿攻击力极强，甚至可以把狮子踢倒。

长颈鹿的脑袋也是很厉害的自卫武器，它的前额有一块突出的坚硬骨瘤，晃动起来犹如一个大铁锤，其力量足可以砸死羚羊。

长颈鹿能毫不费力地吃到五六米高的树枝上的叶子。它平常最爱吃金合欢树一类的四季常青的树叶和嫩枝，一只成年长颈鹿每天要吃 35 千克左右的树叶。

长颈鹿是最高的动物，因为它有一个很长的脖子，可以吃到树上的叶子，这的确是马、牛、羊等矮个子动物所无法企及的。

可是，个子高也有不少麻烦，比如长颈鹿想喝水就很不方便，因为它脖子长，腿更长，所以低下头来够不着水面。长颈鹿只好跨开两条前腿，降低一点高度，或者跪下来，使嘴刚刚

够得着水面。这时候，水倒是喝着了，但却并不安全，还得提防猛兽的袭击。因为当长颈鹿保持这种姿势时，如遇到猛兽，它就需要在极短的时间内调整好有利的姿势，万一来不及，那可就危险了。即便没有危险，长颈鹿喝水时间不能过长，否则影响头部的机能。

另外，个子高睡觉也不方便。在野外，长颈鹿不敢整个身子躺下来，因为如果躺下，突然间有敌人来了，根本没有时间站立起来逃跑。所以，长颈鹿只好站着睡，这样，一睁眼睛，就可以远远地瞧见四周的情况。从而能及时躲避敌害，保护自己。

马的进化史

家马约于 4500 年前在亚洲驯化，品种繁多。体长 110 ~ 160 厘米，肩高 100 ~ 170 厘米，体重 300 ~ 600 千克，最重 1000 千克；鬣毛长而垂于颈侧，披有额发，尾部长毛始于尾根，四肢下部具距毛。我国家马主要有四大类型：蒙古马，产于内蒙古自治区和东北，为换乘兼用或骑乘的优良品种；伊犁马，产于新疆维吾尔自治区伊犁地区，为最好的换乘马；南番马，产于四川、甘肃和青海等地区，是小型的换乘马；川马见于四川、云南、贵州等地区，是山地的优良驮畜。

野马体长 220～280 厘米，肩高 110～140 厘米，重 200～300 千克；颈部鬃毛竖立而不下垂，额毛极短或缺无，尾部长毛约从根部 1/3 处长出，四肢无距毛。夏季上体呈浅棕、红棕、红赭色，冬季皮背面呈淡棕色。野马栖于荒漠和荒漠草原，常在丘陵山地和多水草的地带活动，结成 5～15 头的小群。6 月交配，第二年四五月间分娩，每胎一仔，4 岁性成熟。野马原分布在我国准噶尔盆地和玛纳斯河流域，往东延伸到北塔山和蒙古的科布多盆地，目前数量极少。国际自然和自然资源保护联盟所编纂的红皮书将野马列为濒危物种，我国已将它划为保护动物。

在全部动物进化史中，人们对马类的进化史了解最多，因为马类的化石记录得最为完整。

马类一系列的化石表明，在距今约 6000 万年前，即恐龙时代刚刚结束、哺乳类时代刚刚开始的时候，一种叫作始祖马或称始马的体型很小很小的马，开始在美洲和欧洲出现。它们肩高只有25厘米，体长只有55厘米，比现在的狐大不了多少。

始祖马头小脖子短，脊背弯成弓形，前肢生有5个脚趾，有一个退化不着地，后肢只有3个脚趾，有44颗牙齿，牙齿既小又低，门牙呈铲状，适合于吃嫩的、多水分的植物。始祖马生活在热带森林中的潮湿地带，主要吃树上的嫩叶和嫩芽。

大约到了距今4000万年这一时期，始祖马进化为"渐新马"，这时的体格变大，有现在的羊那么大。此时它的腿也变长了，前后肢的脚趾都变成了3个，中趾要比其他2个趾大得多，不过走起路来还是脚底的肉着地，还是吃树叶和幼嫩的植物。

这样，随着地球自然状况发生的变化，在距今约2500万年这一时期，逐渐出现了适应于草原生活的马，称"草原古马"。随着生活环境的改变，草原古马在一些构造上也随之发生变化。为了将马草嚼碎，要求牙齿升高牙冠来代替短的牙齿，而且在牙上还出现了耐磨损的釉质褶皱，为了躲避其他肉食性动物的袭击，适合于在草原上奔跑，腿也变长了，体型变得像现在的小马那么大，原来的3个脚趾变成只有强壮的中趾着地，而其他2趾逐渐开始退化了。

到中新世末期，从草原古马分出两支，一支叫三趾马，一支叫上新马。此后三趾马逐渐灭绝。到上新世末期，从上新马又演化出两支：一支是南美马，在更新的冰期中灭绝了；另一支是现代马。

现代马也是在北美洲起源的，在更新世初期迁移到其他大

陆，成了分布全世界的动物。但是在它起源的新大陆，反而在几千年前就灭绝了；而在旧大陆，它却一直生存到现在，而且又分化出了许多种，如斑马、马和驴。现代马蹄子变得大而强壮，白齿也变得很长，体形高大，一如我们经常看到的那种样子。

饲养马的人，一般都能从马面孔上各个部位肌肉的动作、马尾巴和四肢的活动情况，以及马的嘶叫声音等方面来观察马的"情绪"。

比方说，马在饥饿的时候，如果主人不及时喂饲草，它会急得用前蹄不停地刨地。当马受惊的时候，便会乱踢后蹄。马的表情最明显的部位要算它的脸部，其中以耳朵、鼻子、眼睛的表现最为显著。在这些最显著的部位当中，又以耳朵的表情最容易使人察觉。马的耳朵除作为听觉器官外，还能表示喜、怒、哀、乐等。马心情舒畅时，耳朵垂直竖起，耳根非常有力，并时常有些微微的摇动；心情不快时，耳朵便前后不停地摇动；马紧张时，它的耳朵倒向后方；疲劳时，耳根会显得无力，耳朵倒向前方或两侧；困倦时，耳朵向两旁垂着；恐惧时，耳朵就不停地紧张摇动，而且从鼻孔中发出一种响声，民间称之为"打响鼻"。

马一般白天干活，夜间也能像白天一样干活或拉车而不会跌跌撞撞，更不会迷失方向走错路。这是为什么呢？有些人便附会说马有"夜眼"，而"夜眼"就是马前腿和后腿内侧的一块灰白色的类似疤痕的黑斑。

实际上，马腿上这块无毛厚皮是一种分泌腺的退化痕迹，没有任何用处，既没有感光作用，也看不见任何东西，更不是什么"夜眼"。马的眼和其他一般家畜的眼没有什么不同，在夜间能借着微弱的月光帮助主人干活，也能在路上拉车。

由于马的脑比较发达，听觉、嗅觉也都很灵敏，特别是有很好的记忆力，不但认识主人，而且只要是走过的路，即便是三岔路口也不需主人的牵引，一般都能记得应该往哪条路上走。在夜间就是没有人跟随它，自己也能走回家。这就是人们常说的"老马识途"了。

和人类有共同祖先的猩猩

猩猩属灵长目动物，体型仅次于大猩猩，雄性比雌性大，雄性体重75~100千克，雌性40~80千克；两臂很长，张开宽达2.4~3米，站立时双臂下垂可达脚踝部；腿短，不如臂粗壮；体毛稀疏，暗红褐色，肩和背部有20余厘米长毛；前额平，嘴突出，唇薄，眼、耳、鼻均小，眼间距较窄；手脚窄长，臂和手粗壮有力，手长约28厘米，脚长约32厘米；牙齿32枚，犬齿发达，齿式与人类同；无尾。雄性单独生活，雌性单独生活或与小猩猩在一起。白天活动，大部分时间用于觅食，吃无花果、红毛丹、芒果、蜂蜜、鸟蛋、幼鸟、甲壳类、鲜菜以及植物嫩芽。孕期8~9个月，每胎1仔，寿命25~40

年。活动不如猴类迅速敏捷，以手脚交替抓握树枝移动身体。能在地面直立行走，但要靠拳指支撑，腰不能直立。臂力强大，除虎豹外，无其他天敌。在距地面8~12米的树杈上用树枝架窝，上面覆以树叶，夜晚睡在树上。平时性温驯，发怒时很可怕。雨天用大树叶遮盖身体。

灵长目

基本小知识

哺乳纲的一目，目前动物界最高等的类群。大脑发达；眼眶朝向前方，眶间距窄；手和脚的趾（指）分开，大拇指灵活，多数能与其他趾（指）对握。包括原猴亚目和猿猴亚目。

在动物中，猩猩是最聪明的。为什么说猩猩是最聪明的动物呢？

在动物世界里，猩猩和我们人类有着共同的祖先。猩猩不仅外形长得和人相似，而且它头部的大脑半球比较发达，脑子表面的褶皱比其他动物多（褶皱越多越聪明），这是猩猩比其他动物聪明的最主要原因。

猩猩的许多习惯与人近似。生活在野外的黑猩猩会用"手"也就是它的前肢去折断树枝和草，然后插入蚂蚁洞里，把蚂蚁引上来吃掉。它们也能表现出高兴的、生气的、悲伤的等各种表情。例如，猩猩见面时会大声喊叫，以表示互相"问好"。如果某只猩猩发脾气了，别的猩猩还知道把手搭在这只猩猩的肩上，劝它平静下来。经过人工驯养的猩猩还可以学会一些简单的动作，如用餐具吃饭，用铲子挖土，用棍棒打击侵害它的来犯者等。有时猩猩还会坐上小朋友的三轮车骑几下。它们还能表演杂技。

现在，世界上共有 4 种猩猩：一种是棕褐色的黄猩猩，产在印度尼西亚；另外 3 种——黑猩猩、侏黑猩猩和大猩猩（也叫大猿）都产在非洲。根据考古学家的研究，过去世界上的许多地方都有猩猩，我国就有不少地方发现过它们的化石。猩猩是动物中的珍稀观赏动物之一，深受广大游人的喜爱。

在动物园里，人们常会看到大猩猩用两只手拍着胸膛来回转悠。野生的大猩猩也时常会有这样的举动。这到底是怎么回事呢？

原来这是它们的习性。当有别的动物在场，特别是有敌对的动物在场时，大猩猩有时就会有这种举动。另外，如果动物园里的游客做出了在它们看来不顺眼的事情时，大猩猩也会有类似的举动，而且还会生气地朝人走过来。

大猩猩的这种举动是一种示威动作，是在向对方表现自己的力量，这和有人在显示自己的力量时会拍打自己的胸膛一样的。

在灵长目的动物之中，黑猩猩也有这种拍胸的习性，但猩猩和长臂猿却没有类似的举动。唯独大猩猩和黑猩猩与我们人类比较接近。

美猴王的"母爱"

金丝猴非常漂亮，特别是川金丝猴，金丝猴头顶的正中有一片向后越来越长的黑褐色毛冠，两耳长在乳黄色的毛丛里，一圈橘黄色的针毛衬托着棕红色的面颊，胸腹部为淡黄色或白色，臀部的胼胝为灰蓝色，雄兽的阴囊为鲜艳的蓝色，金丝猴的尾巴和身子差不多长，瘦长的身体上长着柔软的金色长毛最长可达30多厘米，披散下来就像一件金黄色的"披风"，十分漂亮。如此耀眼夺目的外衣使它得到了"金丝猴"的美名。

母爱在灵长类中显得非常突出。母金丝猴无微不至地关心和疼爱自己的孩子，尤其在哺乳期，母猴总是把小猴紧紧地抱在胸前，或是抓住小猴的尾巴，丝毫不给它玩耍的自由。在这期间，朝夕相处的"丈夫"尽管向"夫人"献尽了殷勤：又是为她理毛、又是为她检痂皮，但是也别想摸一摸自己的宝宝，更别提抱抱小猴亲热一番了。

母金丝猴总是抱着小猴，把背朝着自己的"丈夫"，丝毫不给"丈夫"抚爱子女的机会。

沙漠之舟骆驼

在人们心目中，骆驼是沙漠中的良好交通工具，为促进人们的商品交换和文化交流立下了汗马功劳，因此，人们把它称为"沙漠之舟"。但沙漠之舟在"沙漠之海"中的航线——一条条蜿蜒曲折的小道，数千年来却被人们所忽视，只单纯地认为是由于来往的骆驼队走多了才形成的。殊不知，这沙漠之舟的航线竟是骆驼为人们探寻矿藏的"提示"。我们知道，在地

球表面上，物体之所以有重量，完全是由于地球有吸引力的缘故。物体的重量与距离地球中心的远近有关。一物体在某地区的重量也和这地区地壳的质量有关。如果这地区地壳藏有大量质量大的矿物，比如铁矿、铅矿之类，物体在此地面也显得重些。换句话来说，上述的情况可以说是地球表面上的地点不同，重力也可能不同。

你知道吗

双峰驼和单峰驼各产于哪里

双峰驼原产在亚洲中部土耳其斯坦、中国和蒙古。至少在公元前800多年就被人驯化了。但现在野外仍有野骆驼（野双峰驼）。单峰驼是一种大型的偶蹄目动物，产于非洲北部、亚洲西部，亦有部分是来自非洲之角、苏丹共和国、埃塞俄比亚和索马里。

人类对此是感觉不到的。但是，科学家发现，骆驼对于重力不同的差别却可以感觉得到。一批地质学家在哈萨克斯坦进行地质勘测，当他们把测得的重力最小的地点连成线时，发现这些连线竟然与骆驼在这一地区行走的路线完全吻合。经研究后才知道，这并非巧合。原来骆驼具有一种"特异功能"，它能感觉出不同地方存在着的极微小的重力差异。骆驼挑选重力最小的路线行走，实际上减轻了它背上所驮货物的负担，使体力消耗达到最小，以适应长途跋涉。于是，人们把骆驼的这种"特异功能"应用于探矿。据试验，它对寻找地下蕴藏的重金属矿颇有帮助。因为有丰富重金属矿藏的地区，由于地质构造不同而其重力要比一般地区大。利用骆驼来初步选择出一些较可能蕴藏有矿物的地区，然后再作重力测量探矿，据说这样探测的速度快、效率高。

骆驼依驼峰不同可分为两种：一种是单峰驼，产于非洲；另一种是双峰驼，产于亚洲。

骆驼的耐饥渴性极强，被广泛地用于沙漠地区的运输。

骆驼的胃分三个室，第一胃附生 20～30 个水脬，作贮水用。骆驼之所以耐渴，不是靠"贮水"，而是靠"节水"，主要是它一次喝足水以后，善于调节水分消耗。首先骆驼用传导和辐射方式在夜晚散热，以代替蒸发散热，减少了蒸发所需的大量的水分；其次，骆驼利用驼毛来阻止身体受热，间接地有助于保持水分；再次，骆驼还依靠减少排泄的方法来节水；最后，骆驼能忍受极度的脱水。有些人错误地认为，驼峰里一定能贮存大量的水。从解剖结果来看，驼峰完全是贮存脂肪的地方，连一滴水也没有，在找不到食物和水的情况下，骆驼就靠这些脂肪的代谢来调节。

骆驼如果长期食物不足和缺水，那直立的驼峰也会瘪下去，这是因为驼峰里面的脂肪已耗尽的缘故。

世界上最大的陆栖动物大象

象是世界上最大的陆栖动物，主要外部特征为柔韧而肌肉发达的长鼻。长鼻具缠卷的功能，是象自卫和取食的有力

工具。

象肩高约 2 米，体重 3～7 吨。头大，耳大如扇。四肢粗大如圆柱，支持巨大身体，膝关节不能自由屈曲。鼻长几乎与体长相等，呈圆筒状，伸屈自如；鼻孔开口在末端，鼻尖有指状突起，能捡拾细物。上颌具一对发达门齿，终生生长，非洲象门齿可长达 3.3 米，亚洲象雌性长牙不外露。被毛稀疏，体色浅灰褐色。妊娠期长达 600 多天，一般每胎一仔。非洲象耳大，体型较大，亚洲象耳小，身体较小，体重较轻。

象栖息于多种生境，尤喜丛林、草原和河谷地带。群居，雄象偶有独栖。以植物为食，食量极大，每日食量 225 千克以上。寿命约 80 年。

亚洲象历史上曾广布于我国长江以南的南亚和东南亚地

区，现分布范围已缩小，主要产于印度、泰国、柬埔寨、越南等国。我国云南省西双版纳地区也有小的野生种群。非洲象则广泛分布于整个非洲大陆。

一些象已被人类驯养，视为家畜，可供骑乘或服劳役。象牙一直被作为名贵的雕刻材料，价格昂贵，所以象遭到大肆滥捕，数量急剧下降。

大象是动物世界里鼻子最长的"怪兽"之一。我们知道大象的鼻子可用来吸水。那长长的鼻子吸满水后，像灭火器一样浇在火上。为什么大象用鼻子吸水却不会呛死呢？

　　原来，大象的气管和食道是彼此相通的，在大象鼻腔后面的食道上方，生有一块软骨。当大象用长鼻子吸水时，水就进入鼻腔，这时大象身体的总指挥部——大脑的中枢神经，就命令喉咙的肌肉使劲地收缩，使得食道上方的这块软骨先把气管口盖上，水就由鼻腔进入食道，而不会进入气管。当大象把水重新吐出后，软骨又会自动张开，仍然可以正常地呼吸。这些动作既协调，又精确熟练。所以，大象用鼻子吸水是不会被呛到的。大象是一种极有灵性的动物。传说大象能预知自己的死期。当老象知道大限将至时，就会偷偷离开象群，独自隐藏到密林幽谷中的大象坟场，在那里等待死亡的来临。数百年来，只要有大象活动的地方就有类似的传说存在。的确，虽然大象身躯庞大，但从没有人见过大象的尸体，它们都到哪儿去了呢？1970年，一位动物学家在非洲密林深处看到了大象的葬礼的全过程。

　　在离密林几十米处的一块小草原上，几十头大象围着一头奄奄一息的雌象，像在开会一样。当这头雌象倒在地上死去时，周围的象发出一阵哀号，为首的雌象用长长的象牙掘土，用鼻子卷起土朝死象身上投去，其他的象也很快相互效仿，一起这样做起来。

　　一会儿，死象身上堆满了土、石块和枯草。接着，为首的雄象带领众象去踏这个土堆。不一会儿，这个土堆就成了一座

坚固的"象墓"。众象围着"象墓"转了几圈，像是在和"遗体告别"，然后就离去了。

为什么人们找不到大象的尸体呢？科学家经过观察发现，有的大象死了以后，很快就被其他动物分食了。因为象群一般要到数十里甚至近百里的地方寻找足够的食物，年老的患病的象追随象群感到吃力，便脱离象群，独自去找隐藏的地方藏身，悄然死去。如果遇到大雨或者河水泛滥，尸骨和象牙也可能被洪水冲散，或者被泥沙掩埋。此外，热带成群的腐食者如豺、秃鹰等，用不了两天，就会把大象尸体分食干净，甚至连象牙也难免被豪猪所啃噬。即使有留下的象牙，也会因炎热、潮湿而被腐蚀掉。

最长寿的哺乳动物——大象

在哺乳动物中，最长寿的动物是大象，据说它能活 60～70 岁。当然野生场合和人工饲养是不同的，前者的寿命短些。据记载，哥拉帕格斯群岛的长寿象能活 180～200 岁。

大象的鼻子像人手一样灵活，这话不算夸张。它伸长鼻子，能轻而易举地把树上的果子和枝叶摘下，然后再卷回鼻子，送进嘴里；若是想吃地面上的草，连根拔起时，会在腿上拍打掉泥土再送到嘴里吃；它还能用鼻子品味是否有好吃的食物。

　　大象的鼻子还可用来吸水。大象干渴的时候，把鼻子插进河水中"咕嘟嘟"地吸起水来，真像一部小型抽水机，一会儿工夫，它就喝足了。对此，可能有的人很怀疑，象鼻子主要是用来呼吸的，用它喝水时，水不会呛入肺部吗？其实，这种担心是多余的。原来，在象的鼻腔后面食道上方，有一块特殊的软骨，起"阀门"一样的作用。象吸水时，喉咙部位的肌肉收缩，"阀门"关闭，水可以顺利进入食道，而不进入气管。饮水后，喷出鼻内残留的水，这时，"阀门"自动打开，呼吸正常进行，这种巧妙的结构，真是妙不可言。

　　大象的鼻子触觉很灵敏，能捡起掉在地上的铁钉或小针。这是因为在鼻子末端突起的上面分布着丰富的神经细胞，大象的鼻子还是防身自卫的武器哩。大象对付那些身小力薄的野兽时，易如反掌，即使遇上猛兽，它也不怕，它会先挥动鼻子抽打敌手，然后将它卷起抛入空中，摔个半死。

　　另外，象过着群居的生活。象群主要由母象、象姐妹和幼象构成。雄象在长大后就会离群，或加入到只有雄象组成的临时性象群中，或是独自生活。因此，象与象之间的相互联系是非常重要的。象为了传递信息，利用了各种各样的手段。其中就有用长鼻子做出各种姿势，传递视觉信号；或从鼻子里发出声音，传递听觉信号。象传递的声音，除了吼声，还有从鼻子发出的"喇叭声"，还可以发出频率为 14～24 赫兹的低频声信号，和远距离的同伴进行相互联络。

大象的尸体哪去了

大象是一种极有灵性的动物。传说大象能够预知自己的死期。当老象知道大限将至时，就会偷偷离开象群，独自隐藏到密林幽谷中的大象坟场，在那里等待死亡的来临。数百年来，只要有大象活动的地方就有类似的传说存在。的确，虽然大象身躯庞大，但从没有人见过大象的尸体，它们都到哪儿去了呢？

1970 年，一位动物学家在非洲密林深处看到了大象的葬礼的全过程。

在离密林几十米处的一块小草原上，几十头大象围着一头奄奄一息的雌象，像在开会一样。当这头雌象倒在地上死去时，周围的象发出一阵哀号，为首的雌象用长长的象牙掘土，用鼻子卷起土朝死象身上投去，其他的象也很快相互效仿，一起这样做起来。

一会儿，死象身上堆满了土、石块和枯草。接着，为首的雄象带领众象去踏这个土堆。不一会儿，这个土堆就成了一座坚固的"象墓"。众象围着"象墓"转了几圈，像是在和"遗体告别"，然后就离去了。

小熊猫的六趾之谜

　　小熊猫的爪骨有一部分凸起成趾状，可作为第六个脚趾辅助抓握东西。法国和西班牙科学家研究发现，这个第六趾在进化史上曾帮助小熊猫的祖先"安身立命"。

　　小熊猫这一物种已生存了 900 多万年，它的祖先被称为古小熊猫。对于小熊猫的第六趾，曾有人认为用处相对不大。法国国家科研中心的人类考古及地理生物学实验室专家与西班牙同行合作研究古小熊猫的化石后认为，古小熊猫们是食肉动物，这与现在小熊猫主要吃植物的不同，因此古小熊猫第六趾的功能，不会像现在一样仅用来辅助脚爪抓住竹子等食物。

　　科学家认为，古小熊猫的第六趾是用来攀爬树木的有效工具。首先化石表明古小熊猫的身体结构特别适合爬树；其次古小熊猫生存在众多猛兽出没的年代，因此那个帮助爬树的第六趾对于古小熊猫来说就显得非常重要。不久前在西班牙新出土的许多古小熊猫化石支持了法国和西班牙科学家的看法。

　　几百万年后，自然环境和小熊猫的生活方式都发生了改变，第六趾的功能已不再重要，它目前的用途只是帮助脚爪抓握食物。

大熊猫为什么吃素

从解剖学上讲，大熊猫的牙是肉食动物的牙，尖而长，适合刺杀撕咬。它的肠胃也是肉食动物的肠胃，肠道短，1 个胃。标准草食动物的牙几乎都为粗而短的磨牙，适合磨碎食物。肠道也很长，并且有些甚至有多个胃。这是因为植物纤维被消化需要的时间比较长，所以草食动物消化系统也就进化得很长，以扩大食物在体内存留的时间，好让它被完全消化。

从大熊猫的生理结构上看，它并不像其他同重量的草食动物那样有纤细的体型，修长的四肢，善于长时间奔跑，也不如大象那样拥有巨大的吨位来使自己没有天敌。大熊猫体型浑圆，腿短，肉多，不善于长时间奔跑，也没有巨大的吨位。任何掠食动物都能吃它。因此它如果是草食动物，早就不该存在了。唯一的解释就是，它和

熊一样，本身就是掠食动物，拥有强大的爆发力和攻击性，是天生杀手，因此才能存活。

但是，现在我们看见的这个无论从解剖学上，还是生理结构上都是肉食动物的大熊猫却在吃植物。科学家猜测，这是因为熊猫历史上经历过一段环境恶化的时期，那时期很多动物灭绝了，熊猫没有足够的动物可以捕杀，于是改为吃植物，一直持续到现在。

但是它身体并不能很好地消化植物，所以它要吃很多，不停地吃，才能勉强维持能量。更没多余的能量来繁殖后代。这也是为什么它们数量持续减少，快要灭绝的原因。

蝙蝠为什么倒挂在空中

人们常用"飞禽走兽"一词来形容鸟类和兽类，但这种说法有时却并不一定正确，因为有一些鸟类并不会飞，如鸵鸟、鸸鹋、几维鸟和企鹅等。同样，也有一些兽类并不会走，如生活在海洋中的鲸类等，而蝙蝠也不会像一般陆栖兽类那样在地上行走，而是能够像鸟类一样在空中飞翔。

蝠类是能够飞翔的兽类，它们虽然没有鸟类那样的羽毛和翅膀，飞行本领也比鸟类差得多，但其前肢十分发达，上臂、前臂、掌骨、指骨都特别长，并由它们支撑起一层薄而多毛

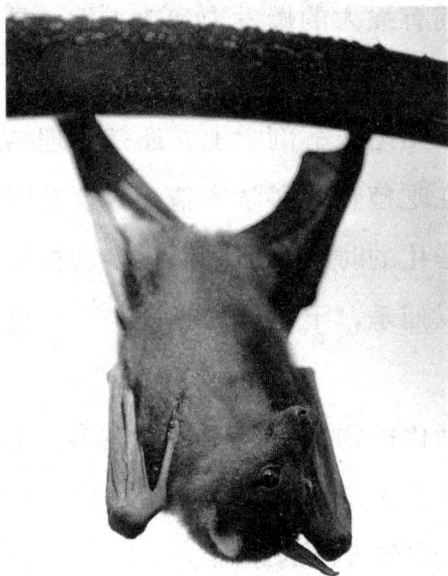

的，从指骨末端至肱骨、体侧、后肢及尾巴之间的柔软而坚韧的皮膜，形成蝙蝠独特的飞行器官——翼手。中国古代也有关于蝙蝠的记载，说它们生活在石钟乳洞里，名叫仙鼠，那里的蝙蝠因为能够喝到洞里的水得到长生，千年之后它们的身体颜色也有了巨大的变化，从原来的黑暗的颜色变成了通身雪白。这也许就是它们为什么被称为仙鼠的原因吧。蝙蝠的胸肌十分发达，胸骨具有龙骨突起，锁骨也很发达，这些均与其特殊的运动方式有关。它善于飞行，但起飞时需要依靠滑翔，一旦跌落地面后就难以再飞起来。飞行时把后腿向后伸，起着平衡的作用。

蝙蝠倒挂是生活习性，所谓生活习性是指为了生存而产生的生活特性。蝙蝠的腿是不能够用于行走的，它只能够借助于翅膀的力量爬。所以，蝙蝠不能够像其他能够飞行的生物那样借助于腿部力量起飞。一般小型的鸟类起飞是先跳起来离开地面，再扇翅飞行；体型大的鸟类，如天鹅，得先助跑达到一定的速度后才能够飞离地面；昆虫也是先跳起来再飞。蝙蝠则采用更省力的办法，倒挂在空中，一松"手"，伸开翅膀就可以滑翔了。省力气吧？这就是为什么蝙蝠平时回到栖息的洞中总是挂在空中的原因。

蝙蝠有冬眠的习性，冬眠时新陈代谢的能力降低，呼吸和心跳每分钟仅有几次，血流减慢，体温降低到与环境温度相一致。但冬眠不深，在冬眠期有时还会排泄和进食，惊醒后能立即恢复正常。它们的繁殖力不高，而且有"延迟受精"的现象，即冬眠前交配时并不发生受精，精子在雌兽生殖道里过冬，至翌年春天醒眠之后，经交配的雌兽才开始排卵和受精，然后怀孕、产仔。

蝙蝠在夜间飞行不是靠眼睛看的，而是靠耳朵和发音器官飞行的。蝙蝠在飞行时会发出一种尖叫声，这是一种超声波信号，是人类无法听到的，因为它的音频很高。这些超声波的信号若在飞行路线上碰到其他物体，就会立刻反射回来，在接收到返回的信息之后，蝙蝠于振翅之间就完成了听、看、计算与绕开障碍物的全部过程。科学家把这种现象叫做回声定位。人类根据蝙蝠飞行识物的原理制造出了雷达。但蝙蝠身上"仪器"的精确度比雷达要高得多。

夜间飞行的蝙蝠

在漆黑的夜里，飞机怎么能安全飞行呢？原来是人们从蝙蝠身上得到了启示。蝙蝠在夜里飞行，还能捕捉飞蛾和蚊子；

而且无论怎么飞，从来没见过它跟什么东西相撞，即使一根极细的电线，它也能灵巧地避开。难道它的眼睛特别敏锐，能在漆黑的夜里看清楚所有的东西吗？为了弄清楚这个问题，100多年前，科学家做了一次试验。在一间屋子里横七竖八地拉了许多绳子，绳子上系着许多铃铛。他们把蝙蝠的眼睛蒙上，让它在屋子里飞。蝙蝠飞了几个钟头，铃铛一个也没响，那么多的绳子，它一根也没碰着。

科学家又做了两次试验。一次把蝙蝠的耳朵塞上，一次把蝙蝠的嘴封住，让它在屋子里飞。蝙蝠就像没头苍蝇似地到处乱撞，挂在绳子上的铃铛响个不停。三次不同的试验证明，蝙蝠夜里飞行，靠的不是眼睛，它是用嘴和耳朵配合起来探路的。

机敏的雪兔

雪兔是我国唯一会变色的野兔。为了适应冬季严寒的雪地生活环境，冬天毛色变白，直到毛的根部；耳尖和眼圈黑褐色；前后脚掌淡黄色；夏天毛色变深，多呈赤褐色。雪兔栖息于寒温带或亚寒带针叶林区的沼泽地的边缘、河谷的芦苇丛、柳树丛中及白杨林中，是寒带和亚寒带森林的代表性动物之一。除发情期外，雪兔一般均为单独活动。

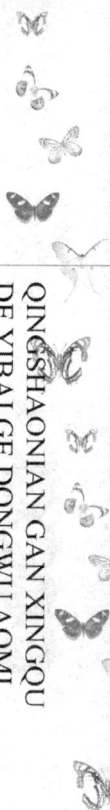

白天隐藏在灌丛、凹地和倒木下的简单洞穴中，里面铺垫有枯枝落叶和自己脱落的毛，清晨、黄昏及夜里出来活动。巢穴并不固定，故有"狡兔三窟"的说法。它从不沿自己的足迹活动，总是迂回绕道进窝，接近窝边时，先绕着圈子走，观察细听，然后慢慢地退着进窝。雪兔性情狡猾而机警，行动无一定规律，活动时通常先耸耳静听以决定去向，离窝前制造假象以便迷惑天敌，使兔窝不被天敌发现。它的嗅觉十分灵敏，巢穴通常都在略微通风的地方。睡觉时鼻子朝上，以便随时嗅到随风飘来的天敌气味，两只耳朵也警惕地倾听任何一点异常的声音。冬季降大雪后，它就挖一些 1 米多深的洞穴居住在里面，并且在雪地上形成纵横交错的跑道。遇到危险时，它的两眼圆睁，耳朵紧贴在背上，呈低蹲伏，常常由于具有一身与环境相仿的保护色而躲过天敌的袭击。雪兔善于跳跃和爬山，也善于在雪地上行走，平时活动多为缓慢跳跃，受惊时便一跃而起，以迅雷不及掩耳的速度飞驰而去，顷刻间消失得无影无踪。它在快跑时一跃可达 3 米多远，时速为 50 千米左右，是世界上跑得最快的野生动物之一。跑动之中常常腾空而起，高达 1 米以上，以便观察周围的动静，再确定逃跑的方向。在奔跑时，它还能突然止步，急转弯或跑回头路以摆脱天敌的追击。

"狂若三月之野兔"

雪兔平时胆小，性情温和，然而一到3~5月的交配季节，就一反常态，不再像平时那样谨慎而隐蔽，变得异常活跃，整天东奔西窜寻找配偶。为了获得雌兔的青睐，雄兽常常欢蹦乱跳，嬉戏狂欢，跳跃时做出各种怪诞的动作，这就是谚语中所说的"狂若三月之野兔"。

长颈鹿高血压之谜

长颈鹿是非洲的一种特有动物，长长的脖子，抬起头来，最高的雄长颈鹿身高可达6米，因此是陆地上最高的动物。长颈鹿擅长跳跃，能跳很高，落下时能砸穿汽车。

长颈鹿在高高竖起颈部时，他的头部要高出心脏大约2.5米。要使心脏的血液压到2米多高，这并非一件轻易的事情。它低头饮水时，头部又低于心脏位置2米多，血液下流脑部，它又怎能受得住呢？

一般来说，大动物心跳慢，小动物心跳快。长颈鹿的心脏重量有10余千克，心壁厚达7厘米以上，十分强大有力。在静止时，它的心跳每分钟可达100次，比马快2~3倍，每分钟输出的血量可达60升，而马只有20~30升；心脏泵压可达300

毫米汞柱（40千帕），脑下部的颈动脉的血压保持200毫米汞柱，所以长颈鹿堪称世界上血压最高的动物。长颈鹿必须有这样高的血压，才可以将心脏的血液压输到4~5米高的头部。如果换上别的动物，这样高的血压早就昏倒了。

有人提出，长颈鹿这样高的血压，总算使它解决了向头部供血的难题，但它的脑怎能禁得住这么高的血压呢？原来长颈鹿的动脉和静脉的形态已经特化，颈动脉在脑的基部分成许多小血管丛，形成一个复杂的网状海绵体；而颈静脉特别大，直径可达2厘米多，而且有一系列能够禁受高血压的瓣膜。所以，当长颈鹿抬起头部时，颈静脉是瘪的，而颈静脉的血压在200毫米汞柱，高血压流冲到网状海绵体即自行降压，使进入脑部的血压保持正常，不会损害脑。当长颈鹿的头部低下时，颈静脉的瓣膜关闭，使血液保存在宽大的颈静脉内，静脉血既不会回到脑部，又减少流回心脏。此时，它的颈动脉血压降至175毫米汞柱，当血涌入网状海绵体时，使许多小血管扩张而减压，这样脑部血压仍然维持正常。

所以，高血压对长颈鹿的长颈抬起和低下活动是一种适应，并不是病态。而它脑基部的颈动脉网状海绵体以及颈静脉的瓣膜，又是适应高血压的有效保证。

科学家发现，长颈鹿的脖子很长，因此它要花不少时间把头从低处抬到高空。科学家起初认为长颈鹿颈部的血管有虹吸功能，能够把血液从心脏吸到大脑。后来的研究却发现，长颈鹿有着硕大的心脏，重达12千克，收缩十分有力，因此一次收缩能够泵出大量的血液。当长颈鹿抬起头吃树叶时，头部的

血管会把几乎所有的血液都输送到大脑而暂时停止对头部其他器官的供血，如脸颊、舌头或头皮，以最大限度给大脑供血。当长颈鹿的头贴近地面时，其颈静脉上的肌肉施压使静脉更有效地把头部的血液输送回心脏。

长颈鹿是目前世界上最高的动物，其大脑和心脏的距离约3米，完全是靠高达160~260毫米汞柱的血压把血液送到大脑的。按分析，当长颈鹿低头饮水时，大脑的位置低于心脏，大量的血液会涌上大脑，使血压更加增高。但是，世界上没有一只长颈鹿会在饮水时得脑充血或血管破裂等疾病而死。原来，是裹在长颈鹿身上的一层厚皮紧紧箍住了血管，限制了血压。

飞机设计师和航空生物学家依照这一原理，设计出一种新颖的"抗荷服"，从而解决了超高速歼击机驾驶员在突然加速爬升时因脑部缺血而引起的痛苦。这种"抗荷服"内有一装置，当飞机加速时可压缩空气，还能对血管产生相应的压力。

食蚁兽的奥秘

食蚁兽属于哺乳动物，主要栖息于中美和南美，南至阿根廷热带森林中。这一类群在捕食蚂蚁和白蚁方面已经高度进化，食蚁兽结构上的特征是与其捕食昆虫的一系列活动相联系的。头骨长而大，呈圆筒状，颧骨完全，长的鼻吻部有复杂的鼻甲，齿骨细长，无齿，蠕虫状的长舌能灵活伸缩，舌富有由唾液腺分泌的唾液和腮腺分泌物的混合黏液，用于粘取众多的蚁类，这些发达的腺体位于颈部。前肢有力，第三趾粗大，长着强而弯曲的爪，其余各趾缩小。

地栖的大食蚁兽用指关节及弯曲的趾行走，而小食蚁兽，即二趾食蚁兽和环颈食蚁兽完全或部分过着树栖生活，步行时，前肢靠带弯爪的内向趾背着地。食蚁兽体型大小相差悬殊，小食蚁兽大似松鼠体重不过350克，而大食蚁兽重达25千克。大食蚁兽全身有长而粗的毛，毛色棕褐色，尾部肥大多下垂的长毛，而其他树栖种类身上和尾部的毛均较短，且尾有抓挠能力。短鼻食蚁兽是树栖食蚁兽，有长长的爪子和能绕在树枝上的尾巴。

食蚁兽用有力的前肢撕开蚂蚁和白蚁的巢，用长舌捕食，囫囵吞下，靠胃部变厚的幽门磨研。所有食蚁兽在地面活动时都显得缓慢而笨拙。树栖的两个属，前掌趾爪用作抓挂，以双肢交替前进的方式沿着树干运动。小食蚁兽完全树栖，并在高树觅食；环颈食蚁兽体重3~5千克，以树栖为主，也常在地面活动，它们都是夜行性动物。而大食蚁兽则完全是地栖者，且主要为昼行性动物，当遇到危险时，以后肢站立，用尾或背作为支柱，形成稳定的三脚架姿态，用掌爪与对手厮打。虽然头部毫无防御装备，但强有力的前肢和非常锐利的巨爪是富有威力的"武器"。

巨食蚁兽一天睡14~15个小时，醒来后就在蚁穴之间慢吞吞地走来走去寻找食物。它们有灵巧的器官，十分适合捕食

那些小型的猎物。食蚁兽的前足上有 4 ~ 10 厘米的尖而有力的爪子。食蚁兽用它来打开蚁穴而不是破坏蚁穴，然后再将它们的长鼻子伸进蚁穴，用舌头舔食蚂蚁。

一头食蚁兽的舌头能伸到 60 厘米长，并能以 1 分钟 150 次的频率伸缩。舌头上遍布小刺并有大量的黏液，蚂蚁被粘住后将无法逃脱。一头食蚁兽在一个蚁穴中只吃 140 天左右的蚂蚁，吃完后就离开再另换一个蚁穴。靠这种吃法，它可以保证自己领地内蚁穴中的蚂蚁存活下去，以便它改天再来美餐。

所有的食蚁兽都有极好的嗅觉，靠鼻子嗅出蚁穴，再用利爪把蚁穴弄开，它们总是十分小心，使蚁穴不至于被完全破坏。食蚁兽用指关节行走，以保护它的长爪子。这使它们走起路来像个跛子。

短跑冠军猎豹

猎豹，是食肉目猫科的猎豹属的单型种。外形似豹，但身材比豹瘦削，四肢细长，趾爪较直，除以高速追击的方式进行捕食外，也采取伏击方法，隐匿在草丛或灌木丛中，待猎物接近时突然窜出猎取。母豹 1 胎产 2 ~ 5 仔。猎豹寿命约 15 年。

猎豹虽凶猛好斗，但易于驯养，古代曾用它助猎。猎豹曾有较广泛的分布区，从非洲大陆到亚洲南部各国都有栖息，由

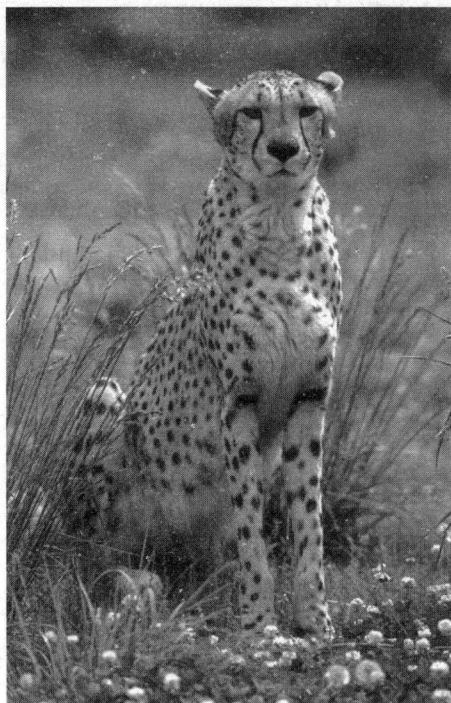

于人类长期的滥猎，目前印度、中亚各国等地已绝灭，在非洲西南部各地很稀有。

猎豹是动物界当之无愧的短跑之王。据测，成年猎豹加速度惊人，从起跑到最大速度仅需4秒，达到每小时120千米（可以想象一下在高速路上开车的情形）的速度。不过这并不能保证它们在捕猎当中万无一失。上帝是非常公平的，他虽然赐予了它们无以伦比的速度，却没有同时赐予它们耐力，如果猎豹不能在短距离内捕捉到猎物，它只好放弃，等待下一次出击。

猎豹的长相和其他多数的猫科动物远亲不怎么相象。它们的头比较小，鼻子两边各有1条明显的黑色条纹从眼角处一直延伸到嘴边，如同两条泪痕，这也是它们区别于其他大猫们的最显著特征之一。它们的身材修长，体形精瘦，身长140～220厘米，高75～85厘米。它们的四肢也很长，还有一条长尾巴。猎豹的毛发呈浅金色，上面点缀着黑色的圆形斑点，背上还长有一条像鬃毛一样的毛发。有些种类的猎豹背上的深色"鬃毛"相当明显，而身上的斑点比较大，像一条条短的条纹，这种猎豹被称之为"王猎豹"。王猎豹曾被认为是一个独立亚种，但后来经研究发现，它们独特而美丽的花纹只是基因突变的产物。猎豹的爪子有些类似狗爪，因为它们不能像其他猫科动物一样把爪子完全收回肉垫里，而是只能收回一半。

猎豹之间由于基因相近，人们为猎豹的亚种进行分类也成了件难事。对猎豹血液中的蛋白质分析显示，不同猎豹之间的差异是非常细微的，因此对猎豹亚种的划分一直以来存在着争议。

猎豹的猎物主要是汤姆森瞪羚和小角马等中小型有蹄类。猎豹的体型为了适应高速的追逐而变得修长，爪子也无法像其他猫科动物那样随意伸缩，因此无法和其他大型猎食动物如狮子、土狼等对抗，辛苦捕来的猎物经常被它们抢走。

知识小链接

猎豹的驯化饲养

猎豹相对来说是比较容易驯化饲养的，世界上最早的驯化纪录是闪族人，他们最早开始驯化猎豹。马可波罗在他的游记里面留下了一些有趣的记录：在猎豹的分布区以外，许多东方人将猎豹养作宠物。三千多年前的古埃及，皇室人员饲养猎豹为他们打猎。印度曾经有一个蒙兀儿帝国，有个皇帝叫做阿巴克，他建立了一个有几千头猎豹的动物园。

非洲的马塞族人对猎豹也不太友善。马塞族是游牧民族，他们不会随意猎杀野生动物，因为他们认为只有自己放养的牲口才适宜食用，但他们会用手中的长矛抢走猎豹的猎物，不是为了吃，而是用来喂狗，这样它们便可省下喂狗的食物。可怜

的猎豹只能重新捕猎。高速的追猎带来的后果是能量的高度损耗，一个猎豹连续追猎 5 次不成功或猎物被抢走，就有可能会被饿死，因为再没力气捕猎了。幼豹的成活率很低，2/3 的幼豹在 1 岁前就被狮子、土狼等咬死，或因食物不足而饿死。

刺猬到底有多少刺

　　一只刺猬身上到底有多少根刺？只要你有足够的耐性，给你一个放大镜和小镊子，你就会发现，一只刺猬因其个头大小，有 16000～17000 根刺。刺猬平均体重为 1.2 千克，而重达 2 千克的胖刺猬也不过有大约 17000 根刺，这些刺每根只有 1 毫米粗。

　　日常生活中，我们经常会说"不要以貌取人"，但刺猬的外表实在太能说明问题。它们身上明明白白地写着"别碰我"三个大字，且摆出一触即发的架势。谁要是壮起胆子去摸刺猬，它肯定会发出呼噜呼噜的低吼声和吱吱叫声。皮下肌肉条件反射地紧张起来，

刺根根竖起。这种天然武器主要是对付捕食者，特别是宿敌狐狸。狐狸常悻悻地收回被刺伤的爪子，无可奈何地放弃这道美味。只有狡猾的老狐狸才能收拾得了这个"小刺球"。

刺猬们彼此间就不能互相依偎吗？亲密无间是不大可行，但刺猬终究也要交配，且从来就没有出现过其中一方被刺穿的惨剧。动物学者们曾经设想它们是面对面地进行交配。但现在已经证实，这种方式是黑猩猩和人类的专利。公刺猬仍然需要爬到母刺猬的背上来完成交配。此时，雌刺猬为了不伤到伴侣，要尽量松弛肌肉，好让"刺"伏贴下来。这对双方都是一次无比艰巨的任务，所以交配过程只有短短几秒钟，但要反复好多次。

知识小链接

狐狸的象征

狐狸象征着虚伪、奸诈和狡猾，也象征着美丽妖娆的坏女人，在日本人心目中，（狐狸）狸猫是一种神秘的动物，它们会使用一种类似障眼法的幻术，身体可以变成任意形状，或者把树叶变成钱什么的用来欺骗人类。

刺猬顶着成千上万的刺儿生活，麻烦事还远不止这些。就像我们总为各种各样的头发问题所困扰一样，刺猬也拿它的刺儿没辙：脱刺、分叉、缠结，而最主要的问题是跳蚤。如果刺猬背上的刺稀稀拉拉，那它估计病得不轻。

懒得出奇的树懒

在南美洲的热带丛林中，生活着一种珍奇古怪的小动物——树懒。树懒长年生活在树上，奇妙的是，它们无论是休息、睡觉、生儿育女，都是脚朝上、头朝下地倒悬在树上。有的一生都生活在同一棵树上，甚至死后仍挂在树上。

树懒只能用后肢站立，不能行走，在地面上只能用前肢拖着身子向前爬。奇怪的是它在陆上虽行动不便，但在水中却是出色的游泳能手。

树懒非常懒惰，倒挂在树上一连几个小时一动也不动。饥饿时，它就摘些随手可得的树叶、嫩芽和果子，够不着了，才不得不挪动自己的身体，也是头朝下，用后肢在树枝上懒洋洋地移动。树懒的行动相当缓慢，每分钟只能移动 1.8～2.5 米。它能忍饥挨饿，于是懒于觅食，即使饿上一个月也死不了。由于树懒出奇地懒，原本粗糙的长毛的体

表上寄生着大量绿色的地衣和藻类植物，这也成了它巧妙而神秘的天然保护色。

树懒有如此顽强的生命力，按理说应该很容易养活，奇怪的是各国动物园中都见不到树懒。这主要是树懒调节体温的能力极差，而且体温很不稳定，只适宜生活于25℃环境。如果把它放在35℃～40℃的阳光下晒一会儿，它的体温便升高到致命的限度而导致其死亡，所以很难在动物园中生存。

斑马条纹的奥秘

斑马生活在热带非洲的林区和草原地带，它们保护自己和抗击敌害的能力较差，但身上却长着与周围草丛等影子相近的黑白相间的条纹。由于黑白条纹的颜色深浅不同，因而对阳光和月光吸收的反射情况也不同，这就容易破坏和分散它们身体的轮廓。远远望去，斑马很难与周围环境区分开来，因而可减少被猛兽伤害的可能性。斑马身上的花纹是它们保护自己的武器。这是长期自然选择的结果，那些条纹不太明显的斑马，逐渐被猛兽吃掉，条纹显著的就被保存下来，成了非常美丽的斑马。

如果用理发剪将斑马身上的毛理掉，你会发现它们的皮上露出了一条条浅黑色的花纹。这是因为斑马的皮肤上还残留着

毛根，毛根里有色素细胞的缘故。

在斑马的毛色里，越是靠近毛尖处，毛的颜色就越重。斑马花纹美丽，是珍贵的观赏动物，但由于人们大量捕杀，其中的拟斑马已于 1872 年绝迹，山斑马也濒临灭绝。在人类面前，斑马的花纹已不再能够保护它，而是给它招来了杀身之祸。

野猪鼻子的多种用途

野猪又叫山猪，它身体健壮，四肢粗短，头较长，耳小并直立，吻部突出似圆锥体，其顶端为裸露的软骨垫（拱鼻）。每脚有四趾，有硬蹄，仅中间二趾着地。尾细短。犬齿发达，雄性上犬齿外露，并向上翻转，呈獠牙状野猪耳朵上披有刚硬

而稀疏的针毛，背脊鬃毛较长而硬整个体色棕褐或灰黑色，因地区而略有差异。幼野猪身上毛色淡，呈棕褐色，并具有数条黄色纵纹。野猪分布很广，遍及欧亚大陆、非洲北部，并传入新几内亚、新西兰、北美洲、所罗门群岛等地。

野猪常栖息于山地、丘陵、荒漠、森林、草地和林丛间。不定居，到处游荡。除个别雄性野猪单独活动外，一般由 5～7 只或 10 多只结成小群。野猪在晨昏和夜晚时活动频繁。它们以各种植物的根茎、树叶、野果等为食，也吃昆虫、鸟卵和动物尸体，还盗食农作物。野猪冬季发情，妊娠期 4 个月，第二年春天产仔，每胎 5～8 只。它们性成熟早，当年的野猪即可发情，寿命约为 10 年。

野猪是狩猎动物，因拱食庄稼、树苗，给农林造成了一定的危害。

野猪是一种普通的，但又使人捉摸不透的动物，白天通常不出来走动。野猪的鼻子十分坚韧有力，可以用来挖掘洞穴或推动 40～50 千克的重物，或当作武器。野猪的嗅觉特别灵敏，它们可以用鼻子分辨食物的成熟程度，甚至可以搜寻出埋于厚度达 2 米的积雪之下的一颗核桃。雄兽还能凭嗅觉来确定雌兽所在的位置。

在第一次世界大战期间，德军在比利时的伊普雷战役中使用了用氯气制造的毒气弹，40分钟后约有5万人中毒，5000多人死亡。毒气不仅能杀伤人，就是飞禽走兽也难以幸免。但是人们在清理战场时，却发现了一个奇特的现象，这就是在毒气飘过的地方，野猪却安然无恙。

野猪为什么能躲过毒气的浩劫呢？这一现象引起了科学家们的注意。经过反复观察、试验，科学家们发现并不是野猪对毒气有先天抵抗力，而是野猪用鼻子拱地的天性起了作用。原来野猪闻到刺鼻的毒气气味时，它们就本能地用那突出的大嘴巴拼命拱地，等到把土拱松后就把鼻子插进泥土里，松软的土壤颗粒吸附并过滤了毒气，因而野猪避免了灾难。

科学家们从中受到了启发，于1914年研制出了像野猪鼻子模样的防毒面具，里面装的是比土壤颗粒更能吸附有毒物质并能让空气畅通的活性炭。就这样，第一代防毒面具便在战场上问世了。

狗用什么排汗

在烈日炎炎的夏天，人们总会看到道路旁、小院内的狗总在伸着舌头喘气。这是为什么呢？这是由于它呼吸困难而又必须通呼吸散热造成的。

人体散热的方式很多，出汗就是散热的一种方式，汗从人体肤上的汗腺孔里排出来。狗是恒温动物，体内代谢产生的量也要散失一部分。但狗的皮肤上没有汗腺，它的汗腺在舌头上，因此当狗感到太热时，就伸出舌头喘气，通过口腔粘膜表面的蒸发散失热量。空气吹过湿润的舌头，口水得到蒸发，舌头也就降温了。舌头血管里的血液冷却后，流到身体其他部分，就使全身的温度都下降了。

因此，在夏天，狗总是伸着舌头喘气，一方面是进行水分蒸发，提高散热效率；另一方面是吸人冷空气，达到散失一部分体热的作用。

狗能做侦察、缉毒、探矿等许多工作，还能凭借自己的秘密武器从离家很远的地方找回自己的家，这首先靠的是它灵敏的嗅觉。

狗的嗅觉比人类要灵敏得多。它的鼻中大约有 20 亿个嗅觉细胞，覆盖鼻黏膜的面积可达 150 平方厘米。狗的鼻腔里皱褶很多，与空气接触的面积很大。皱褶

拓展阅读

狗对陌生人的行为准则

狗对陌生人的行为准则是根据自己视线的高度来判断对手的强弱。陌生人一靠近，从上面下来的压迫感会使它不安，若采用低姿势，它便会接受你。如果比它眼睛看到的高度更低时，会使它更安心。狗的弱点在右边，它会为保护右边而行动。当它在被追得走投无路时，会让自己的右侧靠墙，把左侧面对敌人。狗让人家看它的肚子是向对方表示顺从和投降。

上的黏膜能够分泌黏液，使嗅觉经常保持湿润状态，以保持对空气中的气味的敏感。当有气味的物质分子或微粒被吸入鼻腔，溶解在黏液里时，就会刺激感觉细胞，再通过神经系统将信息传到大脑的自觉中枢，产生某种味道的感觉。狗鼻子尖端无毛的部分有许多突起，总是湿乎乎的，这是因为有黏膜组织，可以分泌黏液来滋润感觉器官，使狗的鼻子特别灵。

另外，狗离家出走时总是走走停停，到处闻闻，还不时撒点尿，一副漫不经心的样子。其实，那是聪明的狗在为自己寻找回家的路做记号，因为狗尿的气味对它们来说是再熟悉不过的了。

狗的嗅觉

可爱的狗狗有些动物对食物、异性、敌害的发现与识别主要是依靠嗅觉，在行为上的重要性超过其他远距离感觉，特别

是超过视觉，这类动物称为嗅觉动物。对各类被嗅物刺激阈特别低的嗅觉称为高嗅觉性，嗅觉动物一般都具有这种特性。哺乳动物一般属嗅觉动物，狗是人们熟知的嗅觉动物。

狗的嗅觉主要表现在两方面：一是对气味的敏感程度；二是辨别气味的能力。它的嗅觉灵敏度居各畜之首。对酸性物质的灵敏度要高出人类几万倍。狗的嗅觉感受器官叫做嗅黏膜，位于鼻腔上部，表面有许多皱褶，面积约为人类的4倍，嗅黏膜内的嗅细胞是真正的嗅觉感受器，大约有2亿个，是人类的40倍。狗辨别气味的能力相当强，可在诸多的气味中嗅出特定的味道，它发觉气味的能力是人类的100万倍甚至1000万倍，分辨气味的能力超过人类1000倍。警犬可以辨识10万种以上的不同气味。

狗根据嗅觉信息识别主人，鉴定同类性别、发情状态，识别母仔，辨别路途、方位等。狗在认识和辨别物时，先嗅几遍才作决定。遇到陌生人时，总要围着转来转去，嗅其味道。经过特殊训练的狗，像警犬、军犬、猎犬、牧犬等，还可用于侦缉和传递各种信息。人们正是利用狗嗅觉灵敏的绝对优势，做了大量人类无法做到的工作。

怀孕时间最短的负鼠

负鼠是生活在拉丁美洲的一种有袋类动物,身体很小,是有袋类中最小的一种。

因为身体弱小,所以每当遇到危险时,负鼠从不进行抵抗,而是爬到树上躲藏起来。倘若来不及逃跑,就会使出装死的伎俩,身体翻滚,四脚朝天,双眼瞪直,嘴唇后裂,活像一具僵尸。它能装死6个小时之久。负鼠的"装死"并不是什么技巧,而是它在危急之中真的发生了休克——大脑失去了知觉,心脏跳动极其缓慢,呼吸也停止了。几个小时之后,负鼠从地上爬起来走开。由于一般食肉动物对死尸不感兴趣,负鼠才得以化险为夷,死里逃生。当然,这并非万无一失,有时恰好给它做俘虏创造了条件。

负鼠是最古老的哺乳动物种类中的一员,但它却使自己适应了现代生活。它喜欢住在城市里,常常到垃圾箱里翻找食物。

负鼠有一套有趣的生养儿女的本领,还以世界上怀胎最短的哺乳动物而闻名。负鼠一般怀孕十二三天就能生下小仔,时间短的甚至只需要8天,每胎产仔6~14个。刚产下的小仔只有2厘米左右长,一经产出便能爬到母亲腹部的育儿袋里,很

快找到乳头并紧抓不放，有时一连几个星期都挂在乳头上，贪婪地吸吮乳汁。一段时间后，长大一些的幼仔便会爬到母背上，以自己的小尾巴缠住母兽弯向背上的大尾巴，由"妈妈"背负着到处活动，直到能独立生活为止。负鼠也因此而得名。

"刹车手" 负鼠装死

负鼠是一种身长 40~45 厘米、外形似老鼠、比较原始的有袋类动物，主要产自拉丁美洲。

负鼠性情温顺，常常夜间外出，捕食昆虫、蜗牛等小型无脊椎动物，也吃一些植物性食物。平时，负鼠喜欢生活在树上。它行动十分小心，常常先用后脚钩住树枝，站稳之后再考虑下一步动作。如果发现树下有入侵者，它并不马上逃跑，而是用前肢紧紧地握住树枝，并睁大两只眼睛，注视着入侵者的一举一动，然后再决定对策。

负鼠的天敌很多，比如狼、狗等等，但是在遭遇敌害的时候，它有一个"装死"的绝招，十分灵验，可以迷惑许多敌害。它在即将被擒时，会立即躺倒在地，脸色突然变淡，张开嘴巴，伸出舌头，眼睛紧闭，将长尾巴一直卷在上下颌中间，肚皮鼓得老大，呼吸和心跳中止，身体不停地剧烈抖动，表情十分痛苦地做假死状，使追捕者一时产生恐惧之感，不再去捕食它。如果这种戏剧性的跌倒还不足以迷惑对方的话，负鼠会从肛门旁边的臭腺排出一种恶臭的黄色液体，这种液体能使对方更加相信它已经死了，而且腐烂了。

此刻，当追捕者触摸其身体的任何部位时，它都纹丝不动。大多数捕食者都喜欢新鲜的肉，一旦死了，身体就会腐烂并且全身布满病菌，这时捕食者就会离去。因此，不少食肉动物看见负鼠的确已经"死"了，鼻孔中一点气也不出，连体温都下降了许多，所以就不再管它了。待敌害走远，短则几分钟，长则几个小时，负鼠便恢复正常，见周围已没有什么危险，就立即爬起来逃走，捡得一条性命。

科学家采用一种仪器对负鼠进行检测，发现了负鼠装死的奥秘。由于动物的大脑细胞能够不断地发出脉冲，形成一种生物电流。根据大脑生物电流的特性，完全可以判断出动物是睡觉，还是麻木；是昏迷，还是清醒。

对装死的负鼠进行仪器测试，仪器记录下来的电流图表现出的本领，这恐怕在世界上还没有其他动物能与之匹敌。也正是它们的这种本领迷惑了捕食者。捕捉它们的动物往往会被这个动作吓得大吃一惊，也急忙"刹车"，并且还会停在那里，好一会儿"丈二和尚摸不着头脑"。而这时，站立不动的负鼠却又突然跃起，疾步逃跑。

这种突变使追捕它们的动物感到惊惶失措，常常站在那里呆若木鸡，眼睁睁地看着煮熟的鸭子又飞了。等追捕者清醒过来想再去捕捉负鼠之时，它们早已跑得无影无踪了。负鼠的这种本领使它们在动物界赢得"刹车手"的称号。

鱼鳞的作用

脊椎动物的身体表面有一层薄薄的皮，叫作表皮，里侧还有一层内皮。鱼类的皮肤也有表皮和内皮。不过，鱼的表皮是由鱼类特有的鳞组成的。也就是说，鳞是鱼的表皮。

鱼鳞有什么作用呢？用鳃呼吸的鱼，因为需要在泥沼中穿行，所以像甲胄一样坚硬的鳞演变成便于活动的鳞片了。在遇到敌害时，有的鱼鳞还可起自卫作用，如鲱鱼和沙丁鱼的鳞片很容易脱落，当它们被别的鱼咬住时，就会脱掉鳞片，来个金蝉脱壳而逃之夭夭。可见，鱼鳞是鱼类适应环境、保护自己的一种工具。

所不同的是，在漫长的生物进化全过程中，有些鱼，如豚的鳞变成了刺儿，当身体膨胀时，这些小刺儿像针一样直立起来，形成一个天然的屏障。

鱼黏液的妙用

生活在水中的鱼类，有些鳞片已经退化，由皮肤直接与外界相接触。它们的皮肤上有一种黏液腺，黏液腺里的细胞能分泌大量的黏液，这种黏液布满鱼的全身，形成了一个黏液层。

那么，鱼的身上为什么有黏液呢？原来，鱼类的这种黏液可以起保护作用，防止细菌、霉菌、寄生虫和其他微小生物的侵蚀，防止有害物质进入体内，以保证鱼的正常生存。黏液还可以对浑浊的水起澄清作用。此外，黏液能使皮肤不透水，维持体内渗透压的恒定，帮助那些江河洄游鱼类适应水中盐度的变化。

黏液对某些鱼来说，还是逃命的法宝。例如当人们抓泥鳅、鲶鱼时，往往只抓了一手黏液，而泥鳅、鲶鱼却从人的手中溜走了。泥鳅就是依靠了黏液，才能够在泥中通行无阻的。此外，鱼类分泌的黏液能减少身体与水的摩擦力，使鱼游得更加快捷，灵活自如。

在生殖季节，有的雄鱼用黏液黏住一些植物形成鱼巢；有的雄鱼将吹出的气泡黏附在黏液上形成泡沫块，为的是使雌鱼易于产卵，并使卵子容易受精。

鱼类胡须的作用

在鱼类中，有不少鱼都长有胡须。它们的胡须不仅长、短、粗、细、扁、圆等形态各异，而且数目也不尽相同。鲱鱼等只生有 1 对胡须；鲤鱼、鲟鱼等生有 2 对胡须；海水中的海鲶和淡水中的大鲶各有 3 对胡须；胡子鲶等生有 4 对胡须；泥鳅生有 5 对胡须；还有一种鲶鱼最多生 8 对胡须。

鱼类的胡须既不是它们年龄的标志，也不是性别的特征。因为长胡须的鱼类不分雌雄，也不分老幼。那么鱼类的胡须有什么妙用呢？原来鱼须是鱼类的触觉器官，它具有重要的触觉功能。鱼须很敏感，不管在水里碰到什么东西，都能立刻做出反应。长胡须的鱼，多数是视力不太好的底层鱼类，它们就是依靠触须在水底寻找并选择食物的。无论是在漆黑一片的黑海海底，还是在浑浊的水里，只要有触须探路，鱼儿都能找到正确的路径。鱼在寻找食物时，触须大大扩展了它们的搜寻范围。鱼须还能帮助鱼感觉到猎物放出去的微弱电流，而去捕捉猎物。如鲟鱼在摄食时，先用吻部把泥掘起来，水变得浑浊起来，这时它的那一对小眼睛已不起作用，只好依靠胡须的触觉来觅食了。

深海鱼类的胡须，有的在顶端还可以发光。这些能发光的胡须，不仅起到触角的作用，而且还可以起到照明的作用。

鱼腥味是怎样产生的

生活中，大家都知道鱼都有一种鱼腥味，这是为什么呢？

活鱼身上都带有大量细菌，特别是在鱼的身体表面、眼球表层、鳃耙上和食道等部位比较多。不过它们没有适宜的繁殖条件，对完整无损的活鱼影响不大，仅仅有一点腥味。一旦鱼死了，这些细菌便迅速繁殖起来，并侵入鱼体。于是，鱼体和眼球表面的黏液增多了，失去了新鲜光泽而变成暗灰色；淡水鱼的鳃耙由鲜红变成紫红色，而海水鱼则由紫色变成黑色；腹部的肌肉也失去了弹性，变得松软，并散发出腥臭味。

为什么活鱼死后会散发出腥臭味呢？我们都知道，活鱼刚刚死后，并非立刻就散发出腥臭味，如果不采取任何人工措施，它首先发生僵硬现象，这是由于鱼体内的乳酸增多，使鱼肉中的蛋白质膨胀，并开始失去弹性而出现的硬化阶段。处于僵硬阶段的鱼，肉质还是新鲜的，因为蛋白质还没有分解；当鱼体内的蛋白酶把一部分蛋白质分解为氨基酸后，便破坏了鱼的肌肉组织，这时，鱼体就要变软而完全失去弹性了。在这个阶段中，鱼体还不是腐败分解，但鱼肉变得不太新鲜了，质量开始下降，可以说，这个阶段已为细菌的大量繁殖准备了充足

的条件。如果不及时用低温处理它，鱼体即很快进入第三个腐败变质阶段。由于细菌大量繁殖并进行分解活动，把蛋白质、氨基酸和其他一些含氮的物质分解成胺、三甲胺、硫化氢、组胺、尸胺等腐败产物。这些物质在鱼体中积蓄得越多，鱼体腐败的程度就越严重，散发出来的腥臭味也就越浓。

在欢蹦乱跳的活鱼池中，为什么也有点腥味呢？这是由于在捕捞、装卸、翻动和运输的过程中，鱼体间相互摩擦、碰撞和压挤而造成少量鱼鳞脱落、皮肉微小破裂、眼球和皮下出血等内外伤。虽然从外表看，鱼活得很好，也很活跃，但其身体表面、眼球表层等处的细菌，在体表增多的黏液中开始繁殖起来，由于分解而产生具有腥味的三甲胺等腐败产物。在平常的气温下，它们很容易从黏液中挥发出来，并散发到空气中。于是，人们立刻就能闻到鱼腥味了。

会变性的黄鳝

鳝俗称黄鳝，是鱼类中的一员，营养丰富。

黄鳝有几个显著的特点。一是它看起来像蛇，头小尾细，身体圆圆的，光滑无鳞，鳍也退化了。善于钻泥打洞，冬天钻进泥里，在洞穴中度过严寒。二是它常竖起身体，把嘴巴露出水面呼吸空气。这是因为它的腮退化了，不能独立完成水中的呼吸，必须有口腔毛细血管辅助进行气体交换。三是它用自己吐的泡沫作为孵化室，把卵产在里面，借助于泡沫的浮力浮在水面孵化。四是雌变雄。小黄鳝都是雌的，有卵巢，可是产卵之后，卵巢就慢慢变成了精巢，雌黄鳝变成了雄黄鳝，繁殖时排出精子。成为雄黄鳝后，再也变不回雌性了。几乎每只黄鳝一生都经历了雌雄两个阶段，这是动物王国里罕见的性逆转现象。个大的黄鳝，大部分都是雄性的。

皮肤粗糙的鲨鱼为什么能够快速游动

鲨鱼尽管长着粗糙的皮肤，但和滑溜溜的海豚一样，在海里也是远近闻名的游泳高手。皮肤粗糙的鲨鱼为何能够快速游动呢？

原来，粗糙的表皮能使身体的四周紧紧地粘住一层水。这样，鲨鱼在海里游动时，并不是粗糙的皮肤与海水接触，而是粘住皮肤的那层水与四周的海水接触。水与水接触，当然很滑

溜，这样，鲨鱼前进时，也就没有什么阻力了。

其实，不仅在水里，在空气里这个窍门也很行得通。在仿生学里，人们已经证实，如果把飞机的表层制作成近似鲨鱼的"粗皮"，飞机就可以在空中更好地飞行。利用"鲨鱼皮"原理制造的飞机，可以比表层光滑的飞机节省 1% ~2% 的燃料。这样，每架飞机一年就可以节省大约 15 吨汽油。生活在水中的动物，主要是根据物体散发出的气味来寻找食物的，而不是直接去品尝。它们寻求的对象的化学分子由水这个媒介传播，动物通过嗅觉系统便可感觉到猎物的存在。当然，有时是感觉到"敌人"的存在，这时它们所采取的措施就是躲避而不是进攻了。

鲨鱼的嗅觉中枢占脑子很大一部分，甚至可达脑的 2/3，这使它的嗅觉十分灵敏，甚至能在汪洋大海之中嗅到微弱的气味。水中的化学物质通过动物鼻孔时，动物可以分辨出气味。鲨鱼的两个鼻孔可以同时辨别不同浓度的气味，它靠左右摇摆头部来判判断气味的确切来源，然后就毫不犹豫地朝着气味浓度大的方向游去。鲨鱼对血腥味特别感兴趣，因为它知道自己又可以美餐一顿了。锤头鲨鱼头部每一侧还有嗅沟，鼻孔由于呈凹缝的形状，所以对气味的感觉更加灵敏，捕捉能力也就更强。

鲨鱼高度灵敏的嗅觉，使它成为海洋中无往不利的凶残食肉动物。

知识小链接

鲨鱼没鳔的传说

在很久以前，上帝创造了鱼，鲨鱼只是一种小鱼。有一天上帝忽然想到了鱼的贡献，就想赏赐所有鱼一个鳔。但是顽皮的小鲨鱼却在玩耍，等到小鲨鱼知道后，上帝已经走了。小鲨鱼只能不停地游，越游越强壮。千年后，上帝来巡查，发现鲨鱼觉得很奇怪，他对每条鱼都很公平呀！为什么就只有鲨鱼是这样？他问鲨鱼为什么，鲨鱼回答说："因为当年我的祖先没有得到您的恩赐，所以它只能不停地游，越游就越强壮了！"

为什么鲨鱼终生都在游动

如果说鹰、雕是天空中的霸主，狮、虎是陆地上的王者，那么海洋里的魔王则非鲨鱼莫属了。世界上有 300 多种鲨鱼，

除了鲸鲨、姥鲨等大型鲨以吃浮游生物为主，性情较温和外，都是肉食类鱼，以各种海洋动物为食。其中以大白鲨、双髻鲨、虎鲨、真鲨等最为凶猛、残忍，都有过伤人的记录。

鲸鲨生活在各大洋暖水区域，体型最大。1949 年在印度洋巴巴岛海岸外捕获过一条鲸鲨，长 12.65 米，重 15.24 吨，是世界上最大的鱼。最小的鲨叫灯笼棘鲛，只有 25 厘米长，重几十克。大白鲨一般体长 4 米多，重 500～800 千克，最长的 6.4 米，重 3.3 吨。它们不仅攻击鲸、海象、海豹等哺乳动物，还主动攻击船只、木筏，有"噬人鲨"的恶名。

鲨鱼属软骨鱼类，没有鱼鳔，只能生活在海洋中，因为淡水的比重小，托不起它们的身体。而且除睡鲨外，其他鲨终生都在游动，一旦停下来就意味着死亡。鲨鱼生命力极强，不会患癌症。它们有 4 套感觉器官，能在几百米外嗅出被稀释到百万分之一的血腥味，还能觉察出人类听不见的次声波和微弱的电场。游速极快，能准确无误地发现并袭击猎物。牙齿多为 3～6 排，有的多达 15 排，尖利无比，一口能把海豹咬成两段，甚至在疯狂抢食中吞食受伤的同类。

鲨鱼是海洋中的"清洁工"，是生物链中不可或缺的一环，在维护生态平衡中起重要作用。如果没有它们，海洋生物过度繁殖将拥挤不堪。鲨鱼也有天敌，牙齿锋利的虎鲸总是几十只一起出动，可以把鲨鱼撕成碎块吃掉。刺纯全身长满尖锐的棘刺，吸足了气就成了刺球，鳍上还有毒腺；比目鱼、海蛇和一些水母都有毒液，鲨鱼见了它们也得退避三舍。

鲸类搁浅之谜

　　鲸类动物搁浅（俗称"自杀"）事件时有发生。人们大惑不解，偌大的海水中，为什么偏偏这些鲸类动物会"自杀"呢？为了解开这个谜，人们提出了以下十大假设：①自杀；②进入浅水区休息；③在海滩擦洗皮肤；④追寻古代迁移路线；⑤迷失方向；⑥聚居压力；⑦活动场所的环境影响（噪声、地震、污染等）；⑧浅水区回声受到干扰；⑨寻求陆地上的安全；⑩声纳接收故障。但这些假设都难以自圆其说而被一一否定。例如，鲸类动物一旦搁浅后，显得惊恐万状，甚至发出悲惨的求救声，这就否定了"自杀"的假设。再如，假设鲸类搁浅由

地震引起，那么理应得出搁浅区比非搁浅区更易发生地震的结论，而事实又并非如此。

鲸的祖先

21世纪初，科学家在巴基斯坦发现了两种生活在约5000万年前的哺乳动物化石。这两种动物看起来有点像狗，体型分别只有狼和狐狸那么大，但科学家认为它却是地球上最庞大的动物鲸的祖先——巴基兽。在很遥远的古代，鲸的祖先生活在陆地上。后来环境发生了变化，鲸的祖先生活在靠近浅海的地方，它们的前肢和尾巴渐渐变成了鳍，后肢完全退化了，整个身子成了鱼的样子，适应了海洋的生活。

后来，科学家又提出一种新的解释：鲸类动物是利用地磁场来为自己定时和导航的，而地磁场一直延续到陆地，并非只在海滩边终止，又因地磁场因太阳的活动而存在着不规则的波动，这两方面的原因导致一些导航本领尚欠完善的鲸或海豚误入歧途，向近陆浅滩游去而最终不能自拔。当然，绝大多数的鲸类动物遇到这种情况会及时纠正自己的错误。这也是搁浅的鲸类动物只占总体的极少数的原因。

另外，寄生虫的危害是使鲸搁浅的原因之一。科学家们经过研究一条搁浅的灰鲸后发现，鲸也会受寄生虫的侵害，寄生虫甚至能使鲸丧失性命。

灰鲸外表皮上生长着许多寄生虫，它们能够严重损伤灰鲸的表皮。一种叫作鲸虱的寄生虫，能把灰鲸表皮咬得鲜血淋淋。还有一些带甲壳的寄生虫则在灰鲸体内定居。这些寄生虫钻进鲸的皮下大量繁殖，形成了许多寄生虫群体，鲸虱幼虫就以鲸体为食，鲸的一块块表皮被吞噬。寄生虫对鲸体的创伤，超过了鲸自身的防卫能力，使鲸表皮被彻底破坏，以致体无完肤。

鲸由于痛不堪言，就不顾一切地游向海湾浅水域与淡水交接处，企图摆脱在海水环境下生存的寄生虫的困扰。但是，由于退潮、巨浪或飓风的作用，冲到浅水湾的鲸可能在海湾搁浅而再也无力重返大海了。

独角鲸独角的神奇作用

独角鲸是一种生活在北冰洋及附近海域的神奇海洋哺乳动物，准确地说，所谓的独角并非是角，而是这种动物的雄性左上颌的一枚长达3米的长牙，这枚长牙是笔直的螺旋形。而雌性的鲷就很少有这种"独角"了。

独角鲸为什么要有这么一个独角，它的神奇作用是什么，一直是人们想要了解清楚的。

有的学者认为这枚长牙是独角鲸战斗的武器，用于向敌人发起进攻；有的学者则认为，这只长牙是独角鲸的工具，用于凿穿冰层进行呼吸；也有学者认为，独角是独角鲸的取食工具；还有科学家设想，独角鲸在快速游动时身体发热，全凭这只独角散热。另外一些说法是，这只角是独角鲸的回声定位工

具，用于寻找食物；独角鲸利用这只角改善了全身的流体力学性能，使自己游得更快；独角鲸的这只角表面光滑，可以引诱一些好奇的小鱼，主动前来成为独角鲸的美餐。

光是上述这么多说法，就说明人们还没有真正搞清独角鲸那只神奇独角的真正用途。但独角鲸的这只独角对人类的作用是极大的，被视为稀世珍宝。因为这只独角是一种可以治疗多种疾病的有效药物，后经化学解析发现，独角的治病原理在于，其中含有一种可以中和一些病毒的含钙的盐。

目前，独角鲸由于人们长期的大量捕杀，已处于灭绝边缘，科学家们正在积极加强对独角鲸的研究，以期揭开这种神奇动物身上的种种奥秘。

动物是人类的朋友，长期以来，人类为了自身的利欲，大量捕杀一些经济效益高的动物，致使一些珍贵物种濒于灭绝，独角鲸就是其中之一。让我们大家行动起来，为保护独角鲸做出一点贡献。

鲸鱼唱歌的奥秘

鲸鱼能唱歌吗？美国动物学家罗杰·佩恩夫妇经过 12 年的研究，用仪器记录下大量鲸鱼在水中的叫声，再以电子计算机加以比较化析，发现鲸鱼确实能唱出美妙动听的歌曲。这种歌曲一般长 6～30 分钟，将其加快 14 倍的速度，声音就像婉转的鸟鸣。

众所周知，鲸鱼是没有声带的，它的发声原理是什么呢？科学家们无不为这种奇特的现象而百思不得其解，在已经研究的成果中发现，鲸鱼无论在海里单独游或成群地游，唱的都是同样的。

但节奏不同，将鲸鱼历年唱的歌加以比较，还发现同一年内所有的鲸鱼都唱同样的歌，但不是齐唱，第二年又都换唱新歌，这些歌逐年演变，相近两年的歌相似处多些，相隔年代久的则变化很大。十分神奇的是，即使是地理上相隔很远的鲸鱼，如大西洋百慕大群岛的鲸鱼和太平洋夏威夷群岛的鲸鱼，所唱的歌初听起来是两样，但经过认真分析，歌声的结构和变化规律都是相同的。

科学家们曾对座头鲸跟踪观察 6 个月，作了大量的水下录音和摄影，发现鲸每年回游之后返回原地时，先是唱去年的歌，然后才逐渐变化，只是在繁殖期间的歌曲没有变化。这说明，鲸的智力能记忆一首歌中所有复杂的声音和顺序，并储存这些记忆达半年之久，然后再加上新的变化。

目前，对鲸的歌唱的研究工作还仅限于掌握第一手资料，1977 年夏季，美国向银河系发射了探索其他星系的宇宙飞船，里面装有一张能保存 10 亿年的唱片，唱片里除了有古典和现代音乐，以及联合国成员国的 55 种语言的问候语外，还特意录制了一段鲸鱼的歌声，希望在茫茫的宇宙中，能找到会识别这神秘歌声的知音。

凶残的食人鱼

1976 年 11 月的一天，一辆满载乘客的汽车在亚马孙河支流乌卢布河上不慎落入河中。几个小时后，当救援人员赶到现场时，打捞出的只是 38 具累累白骨。原来他们都丧生于穷凶极恶的食人鱼之口。近年来，我国各地出现了一种叫食人鲳的观赏鱼，已引起媒体和各界高度重视，它就是食人鱼的一种——红腹食人鱼。

食人鱼又叫比拉鱼或比拉尼亚鱼，意为"牙齿锋利"。曾有人在亚马孙雨林中狩猎，在河里清洗带血的猎物。手刚放入水中，他就发出一声惨叫，原来右手食指已被这种鱼咬掉。当地人叫它"卡利波"，意为"拉丁美洲之害"；也叫它"卡尼巴卢"，就是"食人鱼"的意思。

食人鱼身体扁平，只有 10～30 厘米长。头大，背部隆起而呈深褐、墨绿、浅绿等色。腹部多为白色夹杂黑色斑点，也有银白色和红色的。下腭前突而坚硬，满口三棱尖牙锋利无比，可咬穿牛皮、木板，咬断钢制鱼钩。对血腥味特别敏感，一片肉、一滴血就能引起鱼群的狂躁骚动。食人鱼成群结队，集体猎食，嗜杀成性，有"冰中狼族"之称。连凶猛的鳄鱼也不是它们的对手，一旦遭遇上就仰面朝天，浮出水面，保护腹部。食人鱼咬不透鳄鱼厚厚的角质鳞甲。食人鱼繁殖力极强，雌鱼一次产卵 300~600 枚。受精卵 48 小时孵化，幼鱼 48 小时就能游动摄食，不久就加入了"强盗"的行列。食人鱼出没的地区，许多鸟类不敢在附近水域栖息，甚至已经绝迹。为了对付食人鱼，亚马孙河流域的一些鱼类在长期生存竞争中练就了特殊本领。如刺鲶浑身长出锐利的尖刺，让食人鱼无法下口；电鳗在紧急时可突然释放高压电流，杀死食人鱼。因此该水域并未成为食人鱼的一统天下。

海难的肇事者凿船贝

凿船贝是双壳贝类，身体细长，长 20~30 毫米，宽 2~3 毫米，体柔软，两个贝壳位于体前端两侧，很小，不足以保护身体，整个身体是裸露的，看起来不像贝，而像蛆，因此又被称为船蛆。船蛆贝壳的外侧有许多细密、整齐的齿纹，很像木锉，是锉蚀木材的工具。它们在木质码头、木船底部凿穴，用

足和外套膜固定身体，然后闭壳肌不断伸缩，使贝壳左右来回旋转摩擦，像木匠用钻子钻孔，虽然钻速很低，但日复一日，有的能钻深几十厘米的孔。其身体后端是船蛆与外界相同的出入水管，在水管基部有石灰质浆状骨片，叫做铠，这种铠在水管收缩时，用以堵塞木材孔道的开口，使船蛆在淡水中也可以存活一周。在木材孔道内壁，有船蛆分泌的一层石灰质衬里，使它裸露的身体不直接与木材接触，从而得到保护。船蛆取食木屑，也可以通过水管摄取浮游生物。船蛆生长速度极快，有种船蛆16天可长大100倍，约一个半月即开始产卵，一只雌船蛆可产卵几千万以至1亿以上。幼虫孵化后，经过1~2周自由游泳，若遇到木材，立即附着其上，并开始钻蚀。

由于船蛆有极高的生长和繁殖能力，所以给人类带来了极大危害。据统计，1979年我国水产系统10万艘大小海洋木质渔船，被船蛆吃掉的木材近6万立方米，仅在用于购买木材和修理的费用达2000万元以上。它们能使木质的水闸和堤坝倒塌决口，使陆地变成泽国。1730年，荷兰大海堤突然崩溃，就是由于海堤基部的木桩被船蛆蛀空造成的。古代乘船远航的探险家，常因船只被船蛆损坏而遇难。所以说，凿船贝是海难的肇事者。

珍珠里面是什么

"鹬蚌相争，渔翁得利"的故事，讲的是一只长嘴的水鸟在蚌打开两壳的时候去啄食蚌肉，结果被蚌夹住长嘴，双方相持不下，最后被渔翁一起捉住。蚌能把水鸟的嘴夹住，靠的就是两扇坚硬的能开能闭的贝壳。

蚌是一种生活在淡水里的软体动物，没有头，口也只是一条裂缝。它的足平时露在贝壳外面，一遇危险便缩进去，形状像斧头，所以称为斧足。斧足是蚌的运动器官，靠它的来回拨动，河蚌能够在泥上慢慢地向前移动。斧足也能挖掘泥沙，使蚌能钻进泥里生活。

蚌在两壳与内脏之间，有一层很薄很软的保护衣叫外套膜，蚌的贝壳就是由它分泌形成的。贝壳从外向内分为三层，最外面是黑褐色的角质层；中间是厚厚的石灰质层；内层是色泽鲜艳的珍珠层。贝壳开合的动力，来源于背面有弹性的角质韧带。蚌身体前后各有一束肌肉与贝壳相连，收缩时能使贝壳关闭，称作闭壳肌。

蚌有雌雄之分，但外形差异不大。每年的春末夏初，是蚌繁殖后代的季节。雄蚌将精子排入水中，精子随水流经由外套膜转化形成的入水管，到达雌蚌呼吸用的瓣状鳃间，在此与雌

蚌所产的卵结合受精。受精卵逐渐发育形成的幼虫有两个小壳，壳的腹缘有钩，身体中间还有一根很长的鞭毛丝，称为钩介幼虫。钩介幼虫先在雌蚌壳内生活，成熟后，从母体中出来，遇到鱼类就用足丝及小钩附着在鱼鳃或鳍上。鱼体该部位组织因受幼虫刺激增生而形成被囊，把幼虫包在里面。幼虫从此靠吸收鱼的营养而过着寄生生活，直到变态成为小蚌才破囊而出，开始在水底自由生活。

蚌是珍珠之母，当外界的沙粒或寄生虫等异物进入蚌的外套膜与珍珠层之间时，就会刺激外套膜分泌珍珠质，包裹沙粒或寄生虫，珍珠层日复一日加厚，形成天然珍珠。人工养珠就是利用这一原理，将一些蚌的外套膜切成小块作为异物，植入另一些蚌内使之产生珍珠。我国用于育珠的蚌主要是三角帆蚌和褶纹冠蚌。

藤壶的奥秘

藤壶是附着在海边岩石上的一簇簇灰白色、有石灰质外壳的小动物。它的形状有点像马的牙齿，所以生活在海边的人们常叫它"马牙"。藤壶不但能附着在礁石上，而且能附着在船体上，任凭风吹浪打也冲刷不掉。藤壶在每一次脱皮之后，就要分泌出一种黏性的藤壶初生胶，这种胶含有多种生化成分和极强的黏合力，从而保证了它极强的吸附能力。

　　相信经常出入海边的人们对藤壶并不陌生，许多人都见过，但都对它不太了解。藤壶体表有个坚硬的外壳，常被误以为是贝类，其实它是属节肢动物中甲壳纲的蔓脚目动物。藤壶分布甚广，几乎任何海域的潮间带至潮下带浅水区，都可以发现其踪迹；它们数量繁多，常群集在一起，成型后的藤壶是节肢动物中唯一固着的动物。

　　藤壶外形，一般分为两种：一是鹅颈形藤壶，它们经由一个不同长度、呈圆柱形的茎，附着在硬物上；另一种是圆椎形藤壶，它的外壳由复杂石灰质所组成，看上去像座火山缩小的外型。以上这两种藤壶的开孔部，都有一个由许多小骨片所形成活动壳盖，当水流经过孔部时，壳盖会打开，会由里面伸出呈羽状的触手，滤食水中的浮游生物，等到退潮后，壳盖会紧紧地闭起，既防止体内的水分流失，又防御其他生物的侵扰。虽然藤壶有很坚硬的外壳保护，但海中的海星、海螺，及天上的海鸥，都会把它视为摄食对象。

　　藤壶是雌雄同体，行异体受精。由于它们固着不能行动，在生殖期间，必须靠着能伸缩的细管，将精子送入别的藤壶中使卵受精。藤壶有很细长的雄性生殖器，按身体比例他们的阴茎是所有生物中最长的。所以每个邻居都可能成为交配对象。藤壶每年只产卵一次，卵子一旦成熟，它们会释放化学物质"诏告天下"，所有邻居会帮忙将卵子授精。这样有助于它们基因传递给下一代。待卵受精后，经三四个月孵化；此时，刚孵化出的小幼苗即脱离母体，但常必须经过几个星期的漂浮日子，才能附物而居。在它准备附着时，会分泌一种胶质，使本身能牢牢的黏附在硬物上。

浑身是宝的海胆

海胆是海洋里一种古老的生物，与海星、海参是近亲。据科学考证，它在地球上已有上亿年的生存史。由于沧海桑田的缘故，在我国的西藏高原，就曾发现过海胆的化石。它们在世界各大海洋中都生活过，以印度洋和太平洋的活动最为频繁。由于它们喜欢盐度高的海域，所以靠近江河入海处和盐度低的海水中很少分布，或者根本没有分布。

海胆正所谓"浑身是宝"，海胆黄，不但味道鲜美，营养价值也很高，每 100 克鲜海胆黄中含蛋白质 41 克、脂肪 32.7 克，还含有维生素 A、维生素 D，各种氨基酸及磷、铁、钙等营养成分。海胆还可以生产加工成为盐渍海胆、酒精海胆、冰鲜海胆、海胆酱和清蒸海胆罐头等多种海胆食品。

海胆还具有较广泛的药用功能。它的药用部位为全壳，壳呈石灰质，药材名就叫"海胆"。海胆不仅是一种上等的海鲜美味，还是一种贵重的中药材。我国很早就有海胆药用的记载，《本草原始》记载海胆有"治心痛"的功效，近代中医药认为"海胆性味咸平，有软坚散结、化痰消肿的功用"。

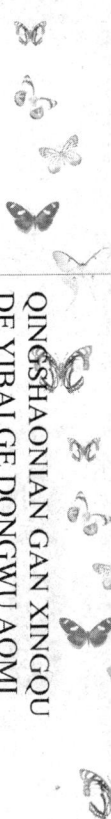

海胆的外壳、海胆刺、海胆卵黄等，可治疗胃及十二指肠溃疡、甲耳炎等；同时，海胆壳还可制成工艺品。有些厂家还开发海胆食品，把海胆制成冰鲜海胆、酒精海胆和海胆酱等。

然而，并不是所有的海胆都可以吃，有不少种类是有毒的。这些海胆看上去要比无毒的海胆漂亮得多。例如，生长在南海珊瑚礁间的环海胆，它的粗刺上有黑白条纹，细刺为黄色。幼小的环刺海胆的刺上有白色、绿色的彩带，闪闪发光，在细刺的尖端生长着一个倒钩。它一旦刺进皮肤，毒汁就会注入人体，细刺也就断在皮肉中，使皮肤局部红肿疼痛。有的甚至出现心跳加快、全身痉挛等中毒症状。

生命史上最早的单细胞生物螺旋藻

1492 年 10 月的一天，哥伦布船队抵达新大陆的墨西哥，水手与当地印第安人发生冲突而受伤。当矛盾缓和后，印第安人拿出一种蓝绿色小饼，让受伤的水手吃，水手吃过后伤口很快就止血、愈合了。这种小饼是用特斯科科湖中的藻类为主原料制成的。400 多年后的 1920 年，德国科学家瓦莫沃在显微镜下发现这种藻类呈丝状螺旋形，定名为螺旋藻，并断言这将是人类又一种蛋白质的来源。20 世纪 60 年代，法国、比利时等国科学家在非洲考察时，看到在乍得共和国加奈姆地区许多市

场出售一种软饼子。这种饼子和墨西哥的相似，是用从乍得湖及周围池塘捞取的藻类植物制作的。这种藻类也是螺旋藻。

相隔几个世纪，相距上万千米，人们都在食用螺旋藻食品。特斯科科湖和乍得湖等都是碱性很强的湖泊，其他动植物几乎无法生存，唯有螺旋藻生长旺盛。相同的是，印第安人和非洲人生活的自然环境恶劣，但都身体健壮。据分析，螺旋藻含纯天然植物蛋白65％以上，多种氨基酸配比合理，还含有抗衰老活性物质和抗癌基因。如今研制成的螺旋藻营养食品和保健用品已风靡全球。婴幼儿食用，能健康成长；运动员食用，可以提高运动成绩并迅速恢复体力；它还被列入宇航员的太空食品。

螺旋藻是蓝藻的一种，在地球上已经存在了35亿年，是生命史上最早的单细胞生物。能进行光合作用，产量惊人。在人口增多，世界性粮食危机的今天，大有发展前景。

海绵的奥秘

海绵是非常奇异的动物。它们不会运动，身体被触摸时也不会作出反应。它们既能生活在热的海洋中，也能生活在冷的海洋中，通常附着在海床或者海底岩石上。一股持续的水流通过海绵的小孔进入海绵的身体，在里面循环并通过一个较大的孔——出水孔排出。水流能为海绵提供食物（动植物碎屑）和呼吸需要的氧。海绵具有由独立的部分构成的骨架和各种形状的骨针、退化的神经系统和生殖细胞。它们既可以通过分裂进行生殖，也可以通过受精卵进行生殖。受精卵变成会游泳的幼体，被水流从海绵的中央孔带出，然后固定在某个地方，再长成新的海绵。

海绵是世界上结构最简单的多细胞动物。它既没有头，也没有尾，没有躯干和四肢，更没有神经和器官。海绵虽然属于动物，但是它不能自己行走，只能附着固定在海底的礁石上，从流过身边的海水中获取食物。18 世纪以前，海绵一直被当作植物对待，后来由于显微镜的发明，以及动物胚胎学研究的进展，人们得以认识海绵的真面目，终于确定了海绵的真正属性。海绵身体柔软似绵，大都生活在海洋里，"海绵"之名由此而来。

海绵有着奇特而强大的再生能力。如果人们把它撕成碎片抛入海中，它就可以一块块独立长成一个个完整的新个体。海水从海绵的小孔流进去，又从大孔流出来，那些微小的生物随着水流进入海绵体内，成为"自投罗网"的食物。所以，海绵虽然被称为"海中的花和果实"，看上去似植物一般，实际上是一种动物。

海绵喜欢和其他生物共生共栖。有些水藻长在它的身上使它全身变为绿色，乍看起来就像是一个美丽的水藻。有些沙蟹喜欢把它撕成碎块贴在腿或壳上，让其在它们的身上生长起来，好似披上一层厚厚的铠甲，沙蟹以此来防御敌害。海绵还

常固着在峨螺或牡蛎壳上，牡蛎和峨螺倒很乐意，因为海绵能分泌难闻的气味，帮助它们吓退敌害。

更有趣的是，在海绵的体内有时会发现一对活的小虾。这是一些成对的雌雄小虾，小虾钻进它的体内居住，长大了就出不来，"困"在里面，一直到老死。海绵供应小虾养料，而小虾则在它的体内清理孔道内的污物，它们就这样互惠互利，和谐共存。这种现象生物学上称之为"偕老同穴"。而生活在海绵体内的小虾，由于过着这种"牢笼"生活，白头偕老，至死不渝，成为忠贞爱情的象征。日本人常把它们当作结婚礼物送给伉俪，小虾也美其名为"俪虾"。

海绵也能分泌一种类似于毒液的物质，这是它的防御手段，用以反击敌害，或杀死周围海水中的有毒微生物，使它们生活的海水周围变得比较洁净。

海绵不仅能用于日常生活，而且由于它的体内含有天然抗生素，能杀死结核杆菌，可为人们治风湿及神经系统疾病。海绵的体内有多种抗癌物质，有些已被提取，正广泛应用于临床。

海绵的捕食方法十分奇特，是用一种滤食方式。单体海绵很像一个花瓶，瓶壁上的每一个小孔都是一张"嘴巴"。海绵通过不断振动体壁的鞭毛，使含有食饵的海水不断从这些小孔渗入瓶腔，进入体内。在"瓶"内壁有无数的领鞭毛细胞，由基部向顶端螺旋式地波动，从而产生同一方向的引力，起到类似抽水机的泵吸作用。当海水从瓶壁渗入时，水中的营养物质，如动植物碎屑、藻类、细菌等，便被领鞭毛细胞捕捉后吞噬。经过消化吸收，那些不消化的东西随海水从出水口流出体外。如果把石墨粉或几滴墨水滴在饲养在水族箱中的活海绵动物的一侧，过不了多久瓶口（出水孔）处就会流出黑色的细流。随着源源不断的水流，细菌、硅藻、原生动物或有机碎屑也被携入体内为领鞭毛俘获供作营养。这种取食方式充分证明了它属于滤食的异养动物。

海绵虽然是多细胞动物中最简单的一类，却有一个庞大的家族，种数达10000多种，占所有海洋动物种数的1/15。海绵的体壁内长着具有支持作用的针状骨骼，叫做骨针。海绵的寿命也比较长，有的种类据说可以活几百年。

海绵的性格并不"绵"，它凶猛、多情、好动。海绵中也有"凶猛"者。在夏威夷生长的火海绵能够分泌毒液，给其他动物造成剧痛；生长在地中海的一种海绵，则具备诱骗小甲壳类动物的能力，能够伸出锋利的刺把它们团团围住，饱餐一顿。

海绵也是最早的有性繁殖生物，大多数的海绵都是雌雄同体的，能够同时产生卵子和精子并排入水中。精子会一直在海水中遨游，直到找到另一个海绵管道的接收入口。海绵的"多情"还表现在，它还有另外一种生殖方式，如果一块海绵遭受外力破坏，被拆散了的细胞会在海水中寻找同伴，然后重新聚在一起，仿制出一块与它们父母辈相同的海绵。海绵受伤以后，不会用新细胞代替旧细胞的方式愈合伤口，而是调动旧的细胞到创伤处，阻止伤口进一步蔓延。

就这样，海绵很潇洒地生活在水下，并为周围成千上万种

生物提供庇护所。此外，海绵其实很好动。1986年美国北卡罗来纳州大学的生物学家卡尔汗·邦德就发现，海绵并不是静止不动的，他通过精密仪器观察到，海绵的边缘会像肢体一样帮助自己移动，有的一天能移动4毫米，有的居然能爬上玻璃容器壁。

海葵的奥秘

海葵的外表很像植物，其实却是动物。因海葵没有骨骼，在分类学上隶属于腔肠动物，代表了从简单有机体向复杂有机体进化发展的一个重要环节。它是一种原始而又简单的动物，只能对最基本的生存需要产生反应。海葵身上有很多触手，它的神经系统无法辨别周围环境的变化，只有通过实际的接触，受到刺激才会发生反应。

当海葵被触动时，许多触手都会发生一阵反射性痉挛，这说明有一些基本信号传递到了海葵的全身，但是只有直接参与和食物接触的触手才有抓取食物的反应。这些信号是非常简单的，因为每次接触所产生的反应都相同。只有当食物最终进入和消化系统接触的状态时，其他触手才会开始活跃起来，纷纷把自己折皱起来。这种反应的目的只有一个，就是摄取食物，将食物包围起来，送到嘴上进食。

海葵没有主动出击的能力。但事实上，海葵并不都是永久附于一处，有的在缓缓滑行，有的靠触手做翻转运动，还有的能在水中做短距离的游泳。极个别的海葵还会靠基盘分泌的气囊倒挂在水层中浮游。

海葵看上去好似一朵无害的柔弱的鲜花，但实际上却是一种靠摄取水中的动物为生的食肉动物。它的呈放射状的两排细长的触手伸张开来，在消化腔上方摆动不止就像一朵朵盛开的花，非常美丽，向那些好奇心盛的游鱼频频招手。虽然不能主动出击获取猎物，但是当它的触手一旦受到刺激，哪怕是轻轻的一掠，它都能毫不留情地捉住到手的牺牲品。海葵的触手长满了倒刺，这种倒刺能够刺穿猎物的肉体。它的体壁与触手均具有刺丝胞，那是一种特殊的有毒器官，会分泌一种毒液，用来麻痹其他动物以自卫或摄食。看来，海葵鲜艳动人的触手对小鱼来说，其实是一种可怕的美丽陷阱。海葵所分泌的毒液，对人类伤害不大，如果我们不小心摸到它们的触手，就会受到拍击而有刺痛或瘙痒的感觉。假如把它们采回去煮熟吃下，会产生呕吐、发烧、腹痛等中毒现象。因此，海葵既摸不得也吃不得。

海葵除了依附岩礁之外，还会依附在寄居蟹的螺壳上。当

寄居蟹长大要迁入另一个较大的新螺壳时，海葵也会主动地移到新壳上。这样海葵和寄居蟹双方都得到好处。由于寄居蟹喜好在海中四处游荡，使得原本不移动的海葵随着寄居蟹的走动，扩大了觅食的领域。对寄居蟹来说，一则可用海葵来伪装，二则由于海葵能分泌毒液，可杀死寄居蟹的天敌，因此保障了寄居蟹的安全。

海葵除了与寄居蟹互利共生之外，还与一种小丑鱼共同生活。小丑鱼的体表能分泌黏液，以防止海葵刺细胞的蜇刺，如果把它的黏液除去，它们也会被海葵蜇得落荒而逃。当海葵依附在岩礁上动弹不得时，这种红身白纹的小丑鱼会在漂亮的触手处游动，以引诱其他的小鱼上钩。海葵在捕捉到猎物，饱餐之后，小丑鱼就可以捡食一些残渣。此外，小丑鱼遇到敌人攻击时，就赶紧逃到海葵的触手间躲避。总之，小丑鱼以海葵为避难所，而海葵借着小丑鱼以获得更多的食物。

海葵虽然能和其他动物和平相处，但也时常为争夺附着地盘和食物与自己的同类进行争斗，出现一方把另一方体表上的疣突扫平或把触手拔光的争斗场面。

最近，科学家还发现海葵的寿命大大超过海龟、珊瑚等寿命达数百年的物种，是世界上寿命最长的海洋动物。

乌贼的绝计——吐墨

乌贼，又称墨鱼，味道鲜美，营养丰富，是一种高蛋白、低脂肪的美食良药。关于乌贼为什么会吐墨，民间流传着一个传说：相传秦始皇统一中国之后，有一年，他和众大臣出游黄海，有一位太监竟将一只装有文房四宝和奏章的白缎袋子丢失在海滩上了。天长日久，这只白缎袋子受大海的滋润，得天地之精华，竟变成了一个有生命的小精灵，袋身变成了雪白的肉体，两根带子变成了两条触须，袋子里的墨则包裹在肉体中的墨囊内。小精灵生活在海里，行动很敏捷，一旦遇敌来犯，便鼓起肚腹，喷射出漆黑的墨汁，掩护自己逃之夭夭。传说终究是传说，其实，乌贼吐墨只不过是保护自己的一种绝技。乌贼的体内有一个墨囊，囊内储藏着分泌的墨汁，遇到敌害时，它就紧收墨囊，射出墨汁，使海水变得一片漆黑，乌贼趁机逃跑。它还用墨汁来麻醉小动物，所以叫它墨鱼。其实它并不是

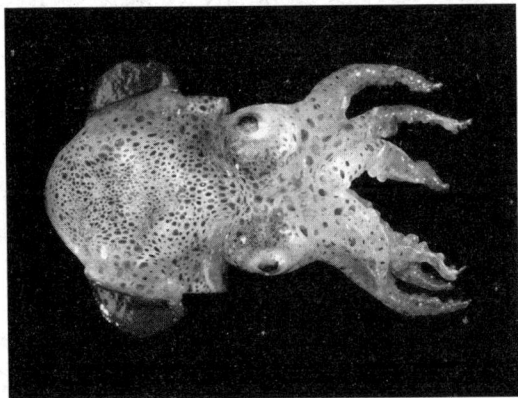

鱼，而是软体动物的子孙。它的身体像个橡皮袋子，内部器官都装在袋子里。在身体的两侧边缘有肉鳍，用来游泳和保持身体平衡。头很短，但眼很发达，口长在头顶上，口腔内有角质的颚，能撕咬食物。乌贼的足生在头顶上，所以又称头足类。乌贼就是靠它这些长足捕捉食物并当作作战武器的，因此，海洋中的弱小生命都是它手下的残兵败将，就连海中巨物——鲸，遇见长达10多米的大乌贼也难以对付。

世界上有许多军事发明，都是科学家在探索动物奥秘中得到启迪而发明的。乌贼体内有囊状物能分泌黑色液体，遇到危险时便释放出这种黑色液体，诱骗攻击者上当。潜艇设计者们仿效设计成鱼雷诱饵。现在鱼雷诱饵酷似一艘袖珍潜艇，既可按潜艇的航向航行，航速不变；也可模拟噪音、螺旋桨节拍、声信号和多普勒音调变化等。正是它这种惟妙惟肖的表演，令敌潜艇或攻击中的鱼雷真假难辨。

海豚怎样睡眠

海豚是哺乳类动物，原先栖息陆地，后来又回到水中生活，用肺呼吸。海豚似乎永远不眠不休地四处游动，若它们在水中持续睡觉，海豚将因无法呼吸而死。难道它们真的不用睡觉？若会睡觉，它们是睡在陆地，还是睡在海中呢？

专家们对海洋，中和水池小的海豚分别进行了观察，所得出的结论是，海豚昼夜 24 小时都处于运动之中。前苏联科学工作者通过脑电流扫描术详细地研究了一种叫做"阿法林"的海豚的睡眠问题。研究结果表明，"阿法林"睡觉的方式很特殊，它的大脑的两半球从来电不是同时进入睡眠状态，它们的左、右腑半球是轮流休息的。

那么，是否所有海豚的睡眠方式都是如此呢？为此，前苏联学者又对黑海里的"亚速夫卡"海豚进行研究。经观察表明，不管是白天，还是黑夜，它们总是以每分钟 50 米的速度游动着。而且，无论是在轻度睡眠。还是在熟睡过程中，它们的游动都会激起水波。脑电流扫描术的密码表明，"亚速夫卡"在睡眠时，也仍有一半大脑在工作，只不过大脑右半球的工作时间比左半球的工作时间要长一半罢了。目前，对于海豚的睡眠问题，有关专家正在进一步探索。

海豚特别珍重死去同伴的尸体，绝不允许其他海洋动物的撕咬吞噬。当同伴死后，会有几十上百的海豚簇拥着它的尸

体，像守灵一样长达 10 多天，直到尸体开始腐烂而不会被其他海兽啃啮为止。

海豚是人类的好朋友，因此，关于它们助人为乐的精神，大家赞不绝口。1871 年夏天，大雾笼罩了新西兰海岸，一艘海船像一片树叶似的，在险恶的暗礁群中颠簸，情况万分危急。

突然，船长发现前面不太远的海面上有一个白点。他加快船速追上了白点，原来是一只白海豚。船长想了想，决定跟着这条海豚前进。海豚好像是专门为这条船而来的，它带领海船穿过浓雾，绕过暗礁，海船顺利地到达了安全区。

从此，每艘海船经过这里，都会遇到这个奇怪的"领航者"。尽管这个礁石密布的地区很危险，但是，自从有了这条白海豚领航，没有一条船触过暗礁。有一次，白海豚又为一艘海船领航，船上的一名旅客认为海豚领航是魔鬼在作怪，就偷偷开枪把它打伤了。可是几个星期以后，这条"心地善良"的海豚又出现了。为了保障经过这个地区的海船的安全，新西兰政府专门召开会议，并颁布了一条法令：任何人不准伤害这条海豚。从此，这条海豚更忠心耿耿地为来往的每一艘海船领航。多少个日日夜夜过去了，这个地区从未出现过事故。直到 1912 年，这条白海豚才海面上消失了，路过这里的人们都为失去这样的好朋友而伤心。

虽然，这条白海豚为人类船只领航 40 多年在科学上还是个谜，但是，人们在心底却永远记住了人类忠实的朋友——白海豚。

会飞的鱼

俗话说："海阔凭鱼跃，天高任鸟飞。"其实在动物王国里，除了鸟类之外，还有许多会飞的动物。它们虽然没有鸟类那样令人羡慕的翅膀，但"飞行"起来却毫不逊色，堪称大自然的一大奇观。在浩瀚无边的海洋中，就有许多这样引人注目的"飞行家"。

在我国南海和东海上航行的人们，经常能看到这样的情景：深蓝色的海面上，突然跃出了成群的"小飞机"，它们犹如群鸟一般掠过海空，高低起伏，翱翔竞飞，景象十分壮观。有时候，它们在飞行时竟会落到汽艇或轮船的甲板上面，使船员"坐收渔翁之利"。这种像鸟儿一样会飞的鱼，就是海洋里闻名遐迩的飞鱼。这是一种中小型鱼类，因为它会"飞"，所以人们都叫它飞鱼。飞鱼生活在热带、亚热带和温带海洋里，在太平洋、大西洋、印度洋都可以见到它们"飞翔"的身姿。

飞鱼身体稍长，约 20 厘米，近乎圆筒形，青黑色，腹部灰白色，胸鳍特别发达，一直长到尾部，像鸟的翅膀。腹鳍大，可以辅助滑翔，尾鳍叉形，下叶比上叶长。飞鱼的飞翔多半是为了逃避敌害的袭击，或靠近船只受到惊吓时才飞，但有时也飞得莫名其妙。成群的飞鱼越出水面，掠过海空，犹如群

鸟，是飞得最远的鱼。

飞鱼的整个身体像织布的"长梭"。它凭借自己流线型的优美体型，在海中以10米/秒的速度高速飞行。它能够跃出水面十几米，空中停留的最长时间是40多秒，飞行的最远距离可达400多米。飞鱼的背部颜色和海水接近，它经常在海水表面活动。蓝色的海面上，飞鱼时隐时现，破浪前进的情景十分壮观，是大海一道亮丽的风景线。

多年来，飞鱼的飞行一直是科学家致力研究的课题，随着摄影技术的飞速发展，科学家揭开了飞鱼"飞行"的秘密。其实，飞鱼并不会飞翔，每当它准备离开水面时，必须在水中高速游泳，胸鳍紧贴身体两侧，像一只潜水艇稳稳上升。飞鱼用它的尾部用力拍水。整个身体好似离弦的箭一样向空中射出，飞腾跃出水面后，打开又长又亮的胸鳍与腹鳍快速向前滑翔。它的"翅膀"并不扇动，靠的是尾部的推动力在空中做短暂的"飞行"。仔细观察，飞鱼尾鳍的下半叶不仅很长，还很坚硬。所以说，尾鳍才是它"飞行"的"发动器"。如果将飞鱼的尾鳍剪去，再把它放回海里，由于没有像鸟类那样发达的胸肌，它们是不能"飞翔"的。所以，那些因故失去尾鳍的飞鱼，只能带着再也不能腾中而起的遗憾，在海中默默无闻地度过它的一生！

飞鱼是各种凶猛鱼类争相捕食的对象，它并不轻易跃出水面，每当遭到敌害攻击的时候，或者受到轮船引擎震荡声刺激的时候，才施展出这种本领来。可是，这一绝招并不绝对保险。有时它在空中飞翔时，往往被空中飞行的海鸟所捕获，或者落到海岛，或者撞在礁石上丧生。有时也会跌落到航行中的轮船甲板上，成为人们餐桌上的美肴。这种情况往往发生在晚上，因为飞鱼的眼力在白天敏锐，晚上常常"盲目飞翔"。

箭鱼——海洋中的游泳冠军

箭鱼在海洋中可算是游泳冠军了，游泳时的平均速度可达28米/秒，连最快的轮船都望尘莫及。

箭鱼性情凶猛。据说，第二次世界大战期间，英国油船"巴尔巴拉"号在大西洋上航行。船员们忽然看到远处一个细长的黑东西飞快地向油船扑来。顷刻间，发出震耳的响声，接着，海水从一个大窟窿里涌进厂船舱。油船是遭到了鱼雷的袭击吗？不是。而是碰上了箭鱼的进攻。这条箭鱼用它那上颌突出的锐利的"剑"穿透了船舷。当它拔出"长剑"后，又接连扎穿了两个地方。最后，箭鱼无力拔出自己的"长剑"，乖乖地当了俘虏。听起来，这很有些传奇色彩。但是，箭鱼攻击船只，把"剑"刺入船体的事是不少发生的。在英国的博物馆里，有些奇特的陈列品。其中，一艘捕鲸船的34厘米厚的木板中间就嵌着一根长30厘米、圆周12.7厘米的箭鱼的"剑"，此外，还有一块55.8厘米厚的木板，被箭鱼扎穿了个孔。

箭鱼为大洋性上层鱼类，分布于热带、温热带海域，我国

见于东海南部外海。生活在水中的动物，因其种类、生活方式的不同，所以游泳速度也各不相同。其以追捕鱼类为食。当它追逐鱼群时，挺着它能够穿透钢板的"利剑"快速地横冲直撞，撞着者不死即伤，然后被它慢慢吞食掉。

1967 年苏联《自然》杂志刊载了一份"海中动物的速度比较表"。其中鲸类：蛆鲸 55 千米/小时、长须鲸 50 千米/小时、虎鲸 65 千米/小时、抹香鲸 22 千米/小时；鳍脚类动物：海狗 177 千米/小时、海象 18～20 千米/小时；鱼类：箭鱼 130 千米/小时、旗鱼 120 千米/小时、飞鱼 65 千米/小时、鲨鱼 40 千米/小时；头足类：枪乌贼 41 千米/小时、金乌贼 26 千米/小时、短蛸 15 千米/时。由这个统计表中可以看出，海洋中游速最快的非箭鱼莫属。

箭鱼为何具有如此高的游速？原来它有个十分典型的流线形身体，体表光滑，上颌长而尖，尾柄强壮有力能产生巨大的推动力。当它飞速向前游泳时，长矛般的长颌起着劈水前进作用。以每小时 130 千米高速前进的箭鱼，坚硬的上颌能将很厚的船底刺穿！

箭鱼也叫剑鱼，因其上颌的形状上、下扁平，中间厚两边薄，如同一柄锋利的宝剑而得名。但又因其速度快，如同离弦之箭故称箭鱼。

箭鱼快速游泳的体型为飞机设计师提供了活生生的设计蓝图。设计师仿照箭鱼外形，在飞机前安装一根长"针"，这根长"针"刺破了高速前进中产生的"音障"，这样超音速飞机就问世了。高速飞机的出现，也是仿生学的一大成功。

横行的螃蟹

螃蟹给人们留下的深刻印象是它身体两侧长有许多"腿",而且它的运动方式与别的动物不同,是横着爬行的。

螃蟹的"腿"叫步足,如果仔细数一下,它的头胸部两侧共长有五对步足,所以又称为"十足类"动物。螃蟹的步足也是有分工的。由于它的第一对步足变成钳状,故称为"螯足",是用来捕获食物或防御、攻击敌人的"武器"。只有后四对步足是用来爬行或游泳的。

螃蟹的每条步足,都具有关节,可是关节又与其他节肢动物不同,只能向下弯曲,而不能向后弯曲。因此,当它们爬行时,常用一侧步足的"指尖"抓住地面,再用另一侧步足在地面上直伸起来,推送身体向对面前进。螃蟹就这样利用步足一曲一伸,在地面上左右横着爬。由于四对步足不一样长,所以爬起来,前进的方向多少有些倾斜,而不能走成一条直线。如

果在前进的途中遇到了阻碍，它们可以马上改换两侧步足的运动方式来改变爬行的方向。或许有人认为这样的爬行速度一定很慢，其实不然，螃蟹爬行起来相当快。

螃蟹越小爬得越快，特别是在海边的岩石上，要想捉到几只小螃蟹，并不是一件容易的事。如果把螃蟹的身体翻转过来，使它的腹部朝上，它就不能再爬行了。不过螃蟹很快就会把身体重新翻转过来，继续横着爬了。平时，螃蟹很少停在一处，它们总是不停地在爬动。一旦发现有死鱼烂肉时，四面八方的螃蟹就会一拥而上，拼命争夺，直到吃光为止。它的样子显得十分凶恶，确实有点"横行霸道"。

柔软的海蜇怎样抵御敌害、猎取食物

海蜇是生活在海洋里的一种比较大的低等动物。它的样子很特殊，漂在水面上的身体像个大蘑菇头，没在水下的身体是8条圆柱形状的下垂体。"蘑菇"的柄部是它的口腕部，海蜇吃东西就是靠这一部位。海蜇的种类很多，所以它们的颜色也有多种多样，主要为乳白色、青蓝色和红褐色，少数是粉红色或金黄色。海蜇的身体很轻，游动的能力很差，因此主要是随着海流和潮水的流动而到处漂浮。海蜇的体态十分优美，游逛时像个白色的降落伞，漂亮极了。在风平浪静或清晨时，成千

上万的海蜇聚集在海面上。如果遇上风浪和暴雨，它们便分散沉到海底，一夜之间就无影无踪了。海蜇的身体柔软无力，不像其他海生动物那样有鳞或硬硬的贝壳来保护自己。

海蜇的身体柔软无力，那么它怎样防御敌害、猎取食物呢？

海蜇的 8 个触手和触手下的细丝上，生有许多刺细胞。这些刺细胞能分泌一种毒液。当遇到敌害或者食物的时候，海蜇就射出这种毒液，使对方麻醉，这样它就可以躲避或者猎取。

海蜇还有一种高超的本领，这就是它那非常灵敏的"听觉"，原来，在海蜇的 8 个触手上生有许多小球，小球腔内生有砂粒般的"听石"。这小小的"听石"刺激球壁上的神经感受器，就构成了海蜇的听觉器官。这种奇特的听觉器官，能听到人耳听不到的 8 ~ 13 赫兹的次声波。依靠这种本领，海蜇居然可以提前十几个小时预知海上风暴的到来。

海蜇这种神奇的听觉在科学上很有价值。自从仿生学作为一门独立的学科诞生以来，科学家们对海蜇的听觉进行了深入研究。现在已经有人设计了模拟海蜇听觉器官的仪器，用来预测风暴，可以提前 15 个小时做出风暴的预测。

龙虾的生活习惯

　　龙虾是人们盘中的美味，但龙虾的许多神秘的生活习惯还不被人类所了解。

　　龙虾可以说是一种喜欢独居的动物，平时独自生活在海底暗礁的缝隙或藏在海底的植物中，雌雄龙虾只在繁殖期才相互接触，雌虾抱卵之后，雄与雌又各奔东西。但每逢初冬时节，大西洋沿岸的某些浅水滩上会突然爬满龙虾，它们一反老死不相往来的常态，相互紧紧地挤在一起。而且每天越聚越多。这些龙虾是从哪里来的，为什么要聚到这里，很令人费解。

　　这时候，浅海的鱼群会向龙虾发起袭击，许多龙虾因此成为鱼类的美餐，但龙虾并不因此而逃跑，继续在生死的惊恐中等待，直到冬天的第一号飓风扑天而来。海面上狂风大作，龙虾才开始它们的秘密行动。

　　风暴终于过去了，每个龙虾相互长长的须角勾搭起来，汇成了一只长长的链条，向深海进发。这条由龙虾组成的巨大链条勇往直前，一昼夜能走 12 千米，只是偶然才短暂地休息一下。开始时这条龙虾长链还有时脱节，可越到最后队伍的纪律越严明，一个也不能脱离队伍，走在最后的一只龙虾，是专门拦截想开溜的龙虾的。平时胆小的龙虾，在汇成一条海底巨龙后，变得无所畏惧了，遇到强敌能躲则躲，躲不过去，就坚决战斗，遇到大鱼群的袭击，龙虾的队伍也决不溃散，而是紧紧地蜷缩在一起，形成螺旋形的阵势，让密集的触角、坚硬的刺棘直指来犯之敌，并会随时根据敌害的进攻方向进行调整。

龙虾的队伍会越走越深，直到最后一只龙虾隐没于人类无法探到的海底深渊中，在那漆黑的深海下面，龙虾要做什么，它们是否还能踏上回乡之路？这一切我们都一无所知。

巨鳗的传闻

100 多年来，世界上广泛流传着巨鳗的传闻，有很多目击者坚信，海洋里存在着一种巨大的鳗鱼。但一直没有实物加以证实，因此，这一传闻成了令人难解的谜。

1848 年，英国一艘巡洋舰上的水兵们，在离南非好望角不远的海面上，见到了一条极大的似鳗鱼的大鱼，这个庞然大物，仅露出海面的部分就有 18 米长，舰长接到报告后，用望远镜观察了 20 分钟，直到其渐渐消失。这件事后经英国海军查询无讹，正式纪录在案。事过一个月后，美国的一条帆船在同一海域又遇见了这种大鳗鱼，它的眼睛闪闪发光，身体长约

30米，离船只有50米，清楚可见，船长担心受到攻击，命令向大鱼开炮，大鱼迅速潜入水中，逃走了。

1930年的一天早晨，一艘海洋研究船在南非海岸外航行，船上一位丹麦藉青年从海中捞上来一网鱼虾，打开网，一圈长长的似蛇一样的东西引起了一位船上海洋学家的注意，它将那条似蛇的东西捡起来，测量了一下，有1.8米长，他又进一步观察它的特征和头骨构造，竟发现这是一条鳗鱼幼体。要知道，普通的鳗鱼只有104节脊椎骨，海鳗也不过有104节脊柱骨，而这条奇特的幼鳗竟有405节脊柱骨。在已知的海鳗种类中，最大的体长为4.9米，而幼体只有7～12厘米，如果以此来推算捕获的这条幼鳗，长成后就可能达55米长。这又为海洋中存在巨鳗提供了一个有利的佐证。

当然，要证实海洋巨鳗的存在，最有说服力的办法就是直接捕获一条，但至今还没有人声称捕到过巨鳗。

青蛙的奥秘

青蛙又叫"田鸡"。在我国，从华北北缘到华南北缘的平原和丘陵地区最常见，数量很多。日本、朝鲜、俄罗斯（亚洲部分东都）也有分布。

雄蛙鸣叫时，颈两侧的外声囊膨胀成球状。体长70～80

毫米。背面呈黄绿、深绿、灰绿或略带灰棕色，散有黑斑。故学名叫"黑斑蛙"。背侧各有一条金黄色或浅棕色褶，褶间有 4 ~ 6 条长短不等、若断若续的肤棱。吻端至肛部常有一条浅色的脊线纹，趾间全蹼。成蛙常栖息于稻田、池塘、湖泽、河滨、水沟内或水域附近的草丛中。一般 11 月开始冬眠，钻入向阳的坡地或离水域不远的土穴或杂草堆内，深 10 ~ 17 厘米。次年 3 月中旬出蛰，4 ~ 7 月为生殖季节，产卵的高潮在 4 月间。一般在降雨前后和黄昏时开始鸣叫，引诱雌蛙抱对产卵。卵多产于秧田、早稻田或其他静水域中，偶尔也在缓流水中产卵。每一卵块有卵 2000 ~ 3500 粒，多浮于水面，卵径 1.7 ~ 2.0 毫米。蝌蚪体笨重，昆肌弱，尾鳍发达，尾末端尖圆，约经 2 个多月完成变态。

青蛙吞食大量昆虫，一昼夜捕虫可达 70 余只，是消灭害虫的有益动物。成体和卵多被用为教学和实验材料。据《本草纲目》记载，亦可作药用。

青蛙不能喝水。它吸收水分的方式，和喝水的哺乳动物、鸟类、爬行动物甚至蟾蜍都有很大的不同。青蛙的皮肤不像一般的爬行动物那样有隔绝水分的功效。一只口渴的青蛙，只要跳进水池里，不用喝水就可以吸收到水分了。大量的水分是通

过青蛙不漏水的皮肤渗入身体内部的。青蛙皮肤的渗透功能是双向的，水容易进入皮肤，也容易出来。所以，在沙漠里火辣辣的阳光下，青蛙皮肤上的水分很容易被蒸发，青蛙必须分泌更多的水分，才能保持皮肤的湿润。在这样的自然环境中，青蛙很快就会因干渴而死亡。

青蛙需要潮湿的环境，还要有随时能让它洗澡、游泳的池塘才能生存。所以，人们经常在稻田、池塘、水井中看到青蛙。在干燥炎热的沙漠里，和青蛙是近亲的蟾蜍对沙漠生活的适应能力倒是强得多，它不需要全身浸泡在水里，只需舔食露珠，就能满足身体对水分的需要了。

青蛙终生蹲在稻田或池塘边上，用它那三角形头两侧的一对圆而突出的眼睛凝视着远方，随时准备"迎"向飞虫，或是躲避敌害。青蛙的视觉非常敏锐，能够迅速发现在农田或水边运动的飞虫。它一旦发现飞虫，便会猛地纵身一蹦，张开大嘴，并翻出它那又宽又长的舌头把飞虫捉到，然后卷入口中，可以说是"百发百中"。但它对眼前静止不动的昆虫，却是"视而不见"。青蛙的眼虽然有这种缺陷，但又是它独有的一种奇特的本领，专吃活虫，不吃不动的虫，更不会吃死虫。青蛙所吃的昆虫大部分为农业害虫，它平均一天约吃 70 只害虫，一年要吃掉 1.5 万只害虫才能正常度过漫长的冬眠期。

青蛙为什么只能明察运动着的飞虫？它的双眼又有哪些独特的结构呢？科学家经过长期仔细研究后发现，青蛙的眼有四类特殊的感觉细胞，叫作"昆虫检测器"。这四种昆虫检测器

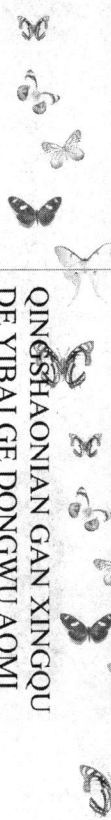

分别担负着辨认、抽取落在视网膜物像的四种不同特征的任务，也就是把一个复杂的物像分解成四层容易辨认的特征，同时把它们传递到蛙脑。这四层里的各个特征按一定顺序叠加在一起，最后经过蛙脑的综合，青蛙立刻就能精确地看到一个完整的、飞动的昆虫物像。

军事科学家根据青蛙的眼能够分别抽取物像特征的作用原理，设计并制造出一种新型的"电子蛙眼"，从而改进了军事上的雷达装置，使显示屏上的影像更加清晰，不论是敌人的飞机坦克，还是舰艇、导弹，不动则已，只要它们一活动，"电子蛙眼"便能快速而准确地识别出来。而那些逼真的一切伪装，是欺骗不了"电子蛙眼"的。这也是人类从动物身上的特殊结构得到的一种启示。

青蛙既能跳又能游泳，这是由它的身体构造决定的。

青蛙会跳，是因为它的后腿粗大，有着很强的爆发力，多数青蛙都能跳1米远。青蛙每次跳的时候，都是前腿着地，后腿弹跳，在后腿收回来的时候，又准备好下一次的弹跳了。

青蛙会游泳，是因为它的脚趾间有蹼，这个蹼相当于鸭蹼，由一层膜把青蛙的后脚趾都连起来，形成一个整体薄片，这能加大与水的接触面积。青蛙游泳时，就是用两只后脚蹼划水，用两个前肢配合划水，这种姿式使青蛙能迅速地向前游动，这就是我们平常所说的"蛙泳"。青蛙的游泳姿式，不仅决定了它在水中的前进方式，而且也为人类提供了借鉴。

怎样识别毒蛇

蛇的种类很多，遍布世界各地。全世界约有毒蛇650种，我国约有47种。毒蛇因种类不同而各有不同的特征和习性。有的蛇体大腰粗，有的小巧玲珑；有的颜色平平，有的艳丽多彩。知道一条蛇是不是毒蛇十分重要，否则被毒蛇咬上一口，后果不堪设想。那么，到底应该怎样区分毒蛇和无毒蛇呢？

毒蛇在头内两侧、眼的后方、口角的上方、上颌的外侧有毒腺和毒牙，咬人时毒腺中的毒液由毒牙的牙管或牙沟进入人体，使人中毒，长有毒牙的毒蛇如尖吻蝮。蝮蛇的牙管较长而细，毒腺外面的肌群收缩时能迫使毒液从牙管中喷射而出，与液体从注射器向外喷射时差不多。

毒蛇因头内两侧有毒腺，从外表看头呈三角形，所以有的书上说毒蛇和无毒蛇的区别是头是否呈三角形。但有的毒蛇毒腺扁平，从头部外表看并不是呈三角形，如金环蛇、银环蛇，它们的头部为椭圆形，很像无毒蛇。又如无毒蛇中的颈槽蛇（伪蝮蛇）头部也呈三角形。

毒蛇和无毒蛇最主要的区别在于毒蛇头部有长而稍弯的毒牙，其次是不太怕其他动物的袭击。毒蛇的身体上大都有鲜艳的花纹。它们一般性懒，栖息时身体盘曲，触动时爬行缓慢；但主动攻击时，性凶猛，能追赶人畜。无毒蛇没有毒牙，牙均匀细小，排列整齐。它们警惕性高，身体不盘曲，触动时可迅速走，爬行敏捷，不太凶猛，不主动袭击人畜。

蛇毒的主要成分

蛇毒的特点是成分复杂，不同的蛇种、亚种，甚至同一种蛇不同季节所分泌的毒液，其毒性成分仍存在一定的差异。将蛇毒分离提纯，目前已知有神经毒素、心脏毒素、凝血毒素、出血毒素及酶类等主要成分。此外，还含有一些小分子肽、氨基酸、碳水化合物、脂类、核苷、生物胺类及金属离子；其中一些具有生物活性，或与生物活性有一定关系。

以上毒蛇与无毒蛇的区别只是人们一般的观察，真正识别毒蛇和无毒蛇必须有足够的野外经验。

蛇为什么要脱皮、吐舌头

每年3~4月间，在山野或郊外，我们有时候可以看见树枝上或其他地方，悬挂着一条条透明的皮膜，皮膜的背面有一块块菱形纹，腹面有一排横长的长方形的纹。这皮膜就是蛇的表皮性角质鳞，是作整块脱落的，称为蛇蜕、蛇皮、蛇退、长蛇皮等。

事实上，包括人类在内的所有动物都会由于磨损或裂口引起蜕皮。蛇蜕皮也是一种正常的生理现象。蛇坚韧的外皮不会随着身体的长大而长大，所以蛇过一段时间就得蜕一次皮，就好像是脱掉一件太紧的衣服一样。蛇一般每隔两三个月就要蜕一次皮，它的身体每蜕一次皮便长大一些。由于蛇的种类以及生活的地区不同，蜕皮的间隔时间也不相同。

蛇快要蜕皮时眼睛上会长翳，蛇皮的颜色也会变暗。这是因为新皮和外面的旧皮之间会产生一些乳白色液体。几天之后，蛇的眼睛又会恢复清晰。蛇蜕皮的时候，要选择粗糙地面，如砖石、瓦砾堆，或缠住树枝不断扭动身体，旧皮随即开始从头部往后蜕脱，下面颜色鲜亮的新皮便会逐渐展现出来。蛇的口中有细长而分叉的舌头，俗称蛇芯子。蛇常常一伸一缩地吐舌头，那模样真叫人害怕。

蛇为什么爱吐舌头呢？我们知道，舌头通常是味觉器官，可蛇的舌头很特别，是嗅觉器官，上面没有味蕾，因此不能辨别甜、苦、辣的味道。蛇的舌头常常伸出口外，能把空气中的各种化学分子粘附或溶解在湿润的舌面上，然后再判断遇到了什么情况。

当蛇把舌头伸出来时，得到了一些物质微粒，缩回去以后，舌头就伸到了口腔前上方的一对小腔里。这个部位叫助鼻器，它与外界不相通，不能直接产生嗅觉，但是它靠蛇舌头的帮助能实现嗅觉功能。助鼻器是由许多感觉细胞组成的，能够把化学物质这一信息通过嗅觉神经传到大脑中，经过嗅觉中枢的综合和分析，鉴别出微粒中的化学物质。疼过判断，蛇就可以准确地捕获猎物了。

被蛇咬伤的动物逃走时，蛇可以利用它那伸缩的舌头和灵敏的助鼻器探寻和跟踪，直到再次发现捕捉的对象。这时，蛇的猎物就难以逃脱了，这样蛇就可以吞食比它的嘴巴还大得多的东西了。

尽管蛇的嘴型很巧妙，但在吞食前，还是要将猎物进行一番加工：它将动物挤挤压压地弄成长条，在吞咽时，靠钩状牙齿的帮忙，把食物送进喉头。蛇的胸部由于没有胸骨，肋骨可自由活动，所以从喉头咽下的食物，可直接进入能够胀大的肚子里；同时，蛇还会分泌出大量的唾液，这无异于是添加了大量的"润滑油"！

你知道吗

你知道什么动物牙齿最多吗

蜗牛是世界上牙齿最多的动物。虽然它的嘴大小和针尖差不多，但是却有 26000 颗牙齿左右。在蜗牛的小触角中间往下一点儿的地方有一个小洞，这就是它的嘴巴，里面有一条锯齿状的舌头，科学家们称之为"齿舌"。

无腿的蛇怎样爬行

蛇是一种极为特殊的爬行动物，圆筒形的身体覆盖着角质鳞片。除蟒蛇在肛门（实为泄殖腔孔）的两侧还残留有后肢的一对角质爪外，其他的蛇都是没有腿的。没有腿的蛇为什么会贴着地面或缠在树上爬得那么快、又那么灵活呢？

原来，蛇是靠腹部的鳞片扒着地面向前爬行的。那么鳞片又是如何翘张起来的呢？在向前爬行的时候，蛇为什么不走直线而常常是弯弯曲曲呈波浪式前进呢？这又都与蛇特殊的脊梁骨（脊柱）的结构有密切的关系。

蛇的脊梁骨不但坚固，而且还能左右活动，非常灵活。它的脊梁骨由很多脊椎骨组成，有些蛇的脊椎骨可多达500块。但是，由于结构有的相同，有的相似，所以区分不太明显，这也是蛇的最大特点之一。根据第一颈椎（寰椎）和第二颈椎（枢椎）的结构比较特殊，可以与其他的脊椎骨区别开来。而其他颈椎背椎的结构相同，难以截然区分，所以统称为躯椎部，躯椎部的后方为尾椎。因此，蛇的全身只能分为头部、躯干部和肛门后的尾部三部分。躯干部的背面和侧面的鳞片称"背鳞"；躯干部腹面的鳞片称"腹鳞"；尾部腹面的鳞片称"尾下鳞"。全部躯干部的脊椎骨和尾部前端的数个尾椎骨的两侧都长有肋骨，这在其他爬行动物中是少见的；更为特殊的是，蛇没有胸骨，因而各对肋骨的腹端是游离的。

但是，蛇的每个肋骨一般都是借助"肋下皮肤肌"和韧带与腹部的腹鳞相连；每个肋骨中部的后方，又借助"肋上皮肤肌"与它后面的背鳞相连。这样，当两种皮肤肌伸缩时，便牵动肋骨向前和向后移动，因而也就使得与它相连的腹部鳞片或翘张起来或伏下。当鳞片翘张起来时，鳞片的外缘便可与地面接触，依靠反作用力，使蛇得以贴地面爬行。同时，由于脊椎骨能够左右移动，所以整个脊梁骨便会左右弯弯曲曲，使得蛇在地面或是在树干上，都能做出波浪式的运动向前爬行。

蛇为什么集体冬眠

全世界共有 2700 多种蛇，其中 1/4 是毒蛇。最大的蛇是生活在南美洲的水蟒，可长达 11 米以上。

每当冬季到来，气温降到 7℃~8℃时，蛇就开始选择洞穴进入冬眠。冬眠时，往往有几十条或成百条同种或不同种的蛇群集在一起。

蛇为什么要集体冬眠呢？因为蛇属于冷血动物，体内的温度随环境温度的变化而变化。冬天，外界温度下降后，蛇的体温也随之下降。因此蛇类就采取冬眠的方式来适应低温环境。这期间，蛇不吃不动，仅依靠消耗体内越冬前储备的脂肪来维持生命活动的最低需要。在冬季这样恶劣的自然环境下，散居冬眠的蛇类死亡率高达 1/3 ~ 1/2。如果群聚冬眠，就可使周围温度增高 1℃ ~ 2℃，还可减少水分的散失，降低体内能量消耗，减少死亡率，还有利于来年春天出蛰后增加雌雄蛇交配的机会。因而，蛇在过冬时也就常常选择集体冬眠的方式。

每年四五月份蛇惊蛰后，开始出洞活动，第一个任务便是寻偶交配。蛇类大多卵生，少数为卵胎生。夏初到冬初是蛇的活动期，蛇在这段时间内摄食和进行繁殖，每年 7、8、9 三个月是蛇摄食最繁忙的时间，捕食对象非常广泛，包括各类脊椎动物。

蜥蜴断尾的奥秘

蜥蜴在受到敌害的侵袭时，会使用"脱身术"保全性命。

蜥蜴在受到捕食者的袭击时，会蜕去自己的尾巴逃之夭夭，但蜥蜴却为此付出了巨大的代价。

美国的一些研究者通过模仿捕食者咬伤蜥蜴的方式，使其自断其尾。然后，研究者们仔细观察了蜥蜴断尾后所产生的后果。

为了确定蜥蜴在群体中所处的地位，他们在实验室里先让一些尾巴完整的蜥蜴寻偶交尾。为了争夺配偶，蜥蜴之间展开了一场激烈的战斗，胜利者处于统治地位，败者则处于从属地位。在经过第一次交锋之后，他们把胜利者的尾巴截去一部分，然后再次诱使它们进行争偶战。结果发现，失去2/3尾巴或失去更长尾巴的蜥蜴表现出其统治地位的显著下降。起初处于从属地位、尾巴完整的蜥蜴却能够恫吓起初处于统治地位、但尾巴失去2/3的蜥蜴。然而，当这个后来的胜利者一旦失去2/3尾巴，同样也会被另一个尾巴完整的蜥蜴所征服。

看来，蜥蜴一旦失去了尾巴，在蜥蜴群中的地位就会有所降低。其实，不但如此，还会大大不利于它的生存。蜥蜴的尾巴上储存着丰富的脂肪，一旦失去了尾巴，它就不得不在体内搜寻必要的物质，以便修复其受伤的身体和重新长出尾巴。因此，蜥蜴的失尾对于它赖以生存的物质也是一种严重的生理消耗。而蜥蜴失去尾巴后，由于降低了它统治其他蜥蜴的能力，致使它失

去以往领地，失去吃食物和繁殖的机会，从而也就缩短了它的生存期限。所以说，蜥蜴所采取的这种自断其尾的"脱身术"，是不得已而采取的最后一招。

蚯蚓的奥秘

南方春夏季节，一场大雨过后，水田里、沟埂旁、道路边，经常可以见到有一条条的蚯蚓在爬行。蚯蚓的身体圆滚滚的，像一个两端略尖的长圆筒，因此它是没有足的动物。

蚯蚓虽然没有足，但在板结的土壤里却照样钻孔，畅通无阻。土壤经它辛勤耕耘之后，变得疏松、肥沃了。

蚯蚓没有足，怎么能"走路"呢？原来，它有一种特殊的机体构造，细长的身体由许多体节组成。蚯蚓的体壁上有表皮层和肌肉。表皮层起保护作用，能分泌黏液，保持湿度，有利于体壁内的微血管进行吸收作用。蚯蚓的运动主要靠肌肉收缩。肌肉外层是环肌，内层是纵肌，由长纺锤形的细胞组成。环肌收缩时，身体就伸长变细；纵肌收缩时，能使身体缩短；而环肌收缩肌交错进行收缩，就能爬行运动。蚯蚓的每一个体节上还生有刚毛，这也是运动器官，在爬行时起支撑作用，附着地面随着运动。

种庄稼时，人们要耕耘土地，这是人尽皆知的。似乎只有人类才能耕耘土地。其实，动物界中的蚯蚓也是土地辛勤的"耕耘者"。正如伟大的生物学家达尔文在研究蚯蚓之后说过："远在人类生存之前，土地实际上早已由蚯蚓依次耕耘过，并且还要这样由蚯蚓继续耕耘着。"

蚯蚓是土栖动物，但它对土壤还是有选择的，一般在 10 ~ 30 厘米深的潮湿、疏松的土壤里生活。在高寒、干旱、盐碱或植被破坏的土壤内，蚯蚓的数量很少，甚至没有。在机质丰富的花园、菜园内蚯蚓数量最多，每 100 平方米土壤中有 1.35 万条，田野里有六七千条，牧场内更多。蚯蚓一般栖居在离土表 12 ~ 30 厘米深处，也可达 1 ~ 2 米深。它们不停地钻穴，辛勤地"耕耘"着土地。在 100 平方米土地内的蚯蚓每年搬运约 8100 千克泥土到地面上，可使 0.5 ~ 3 厘米厚的土层全部形成团粒结构，这是一种水分和空气得到合理分布的土壤，最有利于根的生长；同时蚯蚓还能给土壤"施肥"，使土壤腐殖质含量增加 65%。这是由于蚯蚓边钻穴，边吞食大量泥土，摄取土中的虫卵、幼虫、微小动物、细菌、植物的残体，经过它的消化而成腐殖质的缘故。

蚯蚓生活在潮湿的土壤中，它的体表是湿润的。如果体表干燥就无法钻土，而且蚯蚓是通过体表呼吸的，体表没有水分

就不能进行气体交换。

蚯蚓的皮下有丰富的毛细血管网，血液中的二氧化碳和体表液体的溶解氧进行交换，若体表干燥，蚯蚓就会窒息死亡。平时，由于土壤潮湿，或蚯蚓皮肤黏液腺分泌黏液，以及在环毛蚓自第 12~13 节间起，每节的节间在背中央均有一个背孔，由此可喷出体腔液，因而，蚯蚓可保持体表湿润。

那么，是不是土壤越湿，溶解的氧就越多呢？如果是这样，为什么大雨后会有大量蚯蚓爬出洞来？土壤里有许多空隙，平时有水吸附在土粒周围，空隙里充满了空气。大雨过后，土壤空隙里注满了水，将空气排挤出去，造成水中溶氧量减少，于是蚯蚓纷纷出洞。雨后出洞的蚯蚓，因天晴日出，还未来得及爬回洞穴就干死了。蚯蚓的抗旱能力是很脆弱的。据实验，将蚯蚓置于缺氧环境中 30 小时，常可排出二氧化碳，这说明蚯蚓也可进行厌氧呼吸。

蚯蚓又叫地龙，是一种很常见的小动物。蚯蚓在泥土里钻去，不仅能松土，它排出的粪便还是极好的肥料。

蚯蚓有一种特殊的本领——"分身术"。如果把一条蚯蚓成两段，它不光不会死去，反而会变成两条蚯蚓，这种本领叫再生。

蚯蚓为什么能再生呢？原来，蚯蚓的身体是由两条两头儿尖的"管子"套起来组成的。外面的一层是一环一环连起来的，叫作体壁；里面的一条是消化道。在两条"管子"的中间充满了体液。当蚯蚓被切断后，它的伤口能很快地闭合。在缺少头的一段会长出一个新头，在缺少尾的一段会长出新的尾。

于是，一条蚯蚓就变成两条蚯蚓了。蚯蚓的再生本领是它对长期土栖生活的一种适应。

生命力极强的蜗牛

蜗牛是一种生活在陆地上的软体动物，属腹足纲，生活范围极广，耐严寒高温。"蜗牛"顾名思义，指背着蜗壳的"牛"，事实上，它身体虽小，但有"角"，力大，如牛一般。蜗牛种类约有4万种，个体有大有小，最大的是非洲蜗牛，个体可达187厘米，重500克。蜗牛的生命力极强，曾有一英国人从埃及带回两只蜗牛，将其粘在固定板上，放进标本室收藏。4年后，拿出来研究，发现其中一只壳处有新近形成的黏液膜。研究人员非常奇怪，便把它从板上取下，放进温水盆里。不一会儿，它的驱体便从壳中钻出来，第二天开始进食菜叶，一个月后即完全恢复健康。这只蜗牛，在长达4年中，既无食料，又无饮水，居然能活下来，可见其生

命力之顽强。

蜗牛和田螺十分地相似。蜗牛在螺旋形的壳里藏着身子，爬行时才把身体露出来。蜗牛长大时，它的外壳也跟着一起成长。在这个外壳里有黏稠的液体，它可以保护蜗牛不受到损伤或者不使它干燥。这好比人穿衣服，如果没有这个壳蜗牛会干死的。蜗牛头上长着牛角一样的双角。它的末端上有判别明暗的眼睛。当蜗牛前进时，从外壳上伸出脚，这时会流出黏液，所以蜗牛走过的地方就留下痕迹。

两栖类的有尾动物蝾螈

对于两栖类的动物来说，大家比较熟知的是青蛙或蟾蜍般的无尾类，事实上蝾螈亦是两栖类中的种类，只不过相对于成体没有尾巴的蛙类与蟾蜍来说，带有尾巴的蝾螈很自然地就被归类于两栖类中的有尾类动物。

仔细地观察，会发现其实蝾螈与青蛙的差距并不大，它们同样属于两栖类动物，都有保水力差的皮肤，

幼时在水中同样是以鳃呼吸，不过状似蝌蚪的蝾螈幼时却多了数对明显的外鳃，而当蛙类因足的发育而相对尾部消退时，蝾螈的足部则持续地发育，但是尾部却丝毫没有影响，所以蝾螈的一生仍保有延长的尾部。

知识小链接

奇怪的无肺蝾螈

大多数蝾螈都通过皮肤和肺呼吸，但也有大约250种根本没有肺。无肺蝾螈只有通过皮肤和口腔呼吸，一些蝾螈居住在湍急的溪流里，那里水中含有氧气。陆居种类必须一直保持皮肤湿润，这样氧气才能通过皮肤上面的一层水进入血液。

蝾螈身体丰满，体形像爬行类的蜥蜴，尾巴长而且侧扁。眼睑能动，有牙齿。

身体上有花纹和鸡冠样的突起。蝾螈无蹼，成体没有鳃，体内受精，它分布于我国东南部，欧洲及北美洲部分地区。

因为蝾螈的体表具半透性，而导致水分的散失，所以多数的蝾螈都栖息于潮湿的环境中，陆栖能力好一点的种类可以离水较远，但生活的环境以潮湿的苔藓环境为主。蝾螈具有相当强的生命力，尤其是其自愈能力相当优异，所以有时发现个体因为机械性的外伤而断肢时，不出多久便会由伤口长出一肉芽，并逐渐发展修复成原先的状态。

海龟为什么要自埋

在美国佛罗里达州东海岸的卡纳维拉尔海滩，人们发现了整个身体都埋在淤泥里的海龟。挖出来一看，海龟竟是活的。奇闻传开，令许多潜水员大惑不解，因为在他们的潜水生涯中，还从来没有见到过这种海龟自己把自己埋起来的怪事。

海龟是海洋中躯体较大的爬行动物，它们用肺呼吸，因此每下潜十几分钟就要浮到水面上换一次气，不然就会被憋死。究竟是什么原因导致海龟自己把自己活埋起来呢？它们全身埋在淤泥里为什么不会憋死？这是它们冬眠的一种形式，还是它们清除身上附着藤壶的一种方法？或者是它们在冰凉的海水中自我取暖的一个窍门？面对这一个个谜，人们苦思冥想，不得其解。

藤壶是一种小型甲壳动物，体外有6片壳板，壳口有4片小壳板组成的盖，固着生活于海滨岩石、船底、软体动物以及其他大型甲壳动物身上。专

家们观察发现，在一些大个儿的海龟身上也常常寄生着许多藤壶，这既影响它们游泳，又会使它们感到难受。因此，有人猜测，可能是为了要摆脱藤壶，海龟才钻进淤泥。但是，埋在淤泥中的海龟是头朝下，尾巴朝上，它们头部和前半身的藤壶因陷进淤泥较深而缺氧死掉，而后半身和尾部埋得很浅的藤壶却依然活着。这不是解决问题的办法。因此，关于藤壶的猜测就难以成立了。

后来，人们在美国东海岸帕耳姆东南的一个港湾里，发现许多大个儿的海龟也有这种在海底淤泥中"自埋"的习性。当时一个潜水俱乐部的潜水员们正在进行训练。当女潜水员罗丝潜入海底时，发现不远处的淤泥中露出一只海龟的尾部。她游了过去，碰了一下那海龟的尾，于是，那被惊动的海龟慢悠悠地醒来，从泥土中抬起头，抖掉身上的淤泥，仿佛对不速之客很不满意似的，转身游走了。接着，罗丝又看到了一只海龟的尾巴，这是一只特大的雌海龟，它没有沉睡，对罗丝的到来反应迅速，马上搅起淤泥游动起来。

罗丝眼前变得一片浑浊，什么也看不清了。这是在 27.4 米深的海底，水温是 21.7℃。不一会儿，罗丝的伙伴们也发现了两只埋在淤泥中的大个儿雌海龟。但从那次潜水以后，罗丝她们在海底只找到了一些海龟呆过的泥窝，再没有看到一只"自埋"的海龟。这说明，海龟的"自埋"仅仅是一个短时期的现象。要不就是它们将自己埋得太深，使人无法发现。最新的观察表明，海龟在这一地区逗留、"自埋"的时间不长，所以不能认为它们是在冬眠。

如果海龟"自埋"的现象经常发生的话，那么由这一现象派生出来的新课题可就更多了，海龟"自埋"之谜还有待科学家们去揭开。

绿龟旅行结婚

绿海龟因其身上的脂肪为绿色而得名。绿海龟是用肺进行呼吸的，但胸部不能活动，是一种吞气式的呼吸方式，每隔一段时间便要将头伸出海面来呼吸。但也可以比较长时间地在水下生活，因为它还有一种具特异呼吸功能的肛囊，即直肠两侧的一对薄囊，在肛囊袋的壁上密布着许多微细血管。

绿海龟还要进行规模浩大的"远航"，它们万里跋涉的艰辛与毅力令人惊讶折服。生活在南美洲西沿海的绿海龟，成群结队穿越万顷波涛的大西洋，历经 2 个月，游过 2000 多千米，来到优美、静谧的阿森松小岛上。原来，它们是来此"旅行结婚"的。在这孤零零的小岛上，它们各自寻找对象进行交配、产卵、繁衍下一代。然后，它们又

成群结队地返回原海域。

令人惊奇的是，绿海龟经过长途跋涉后，还能准确无误地到达出发地。这其中有什么奥妙吗？科学家们对此作出阐释。原来，海龟除借助海流与海水化学成分导航外，还有凭借地球重力场导航的本领。它的洄游的特定活动时间是由体内的生物钟确定与控制的。

龟长寿之谜

人们都管龟叫动物世界里的"老寿星"。那么，龟的寿命到底有多长呢？根据报道，一位西班牙海员曾经捕到一只海龟，长达 2 米，重 300 千克，有专家说它已经活了 250 年了。另外一位韩国渔民在沿海抓到过一只海龟，长 1.5 米，重 90 千克。背甲上附着很多牡蛎和苔藓，估计寿命为 700 岁。它可以说是龟类家族的"老寿星"了。但这些数据并没有可靠的依据为证。

1971 年，有人在长江里捕获过一只大头龟，它的背甲上刻有"道光二十年"（即 1840 年）字样，这分明是记事用的。这一年，中国发生了鸦片战争，也就是说，从刻字的那年算起，到捕获的时候为止，这只龟至少已经活了 132 年了。它的标本至今还保存在上海自然博物馆里。另外，还有一只龟，据说经

过 7 代人的饲养，一直到抗日战争的时候才中断，它的饲养时间足足有 300 年左右。

1737 年，有人在印度的查戈斯群岛捕到过一只象龟，当时科学家鉴定它的年龄是 100 岁左右。后来，它被送到了英国，在一个动物爱好者的家里生活了很长时间，最后被送到伦敦动物园。到 20 世纪 20 年代，它就活了将近 300 年了。1983 年，在中国人民革命军事博物馆曾展出过一只海龟，有 120 千克重，在展出的时候，它还生了 30 个蛋呢。经专家鉴定，这只海龟已经活了 300 年。

龟虽然是动物世界中的"长寿冠军"，但在龟类王国里，不同种类的龟，它们的寿命也是有长有短的。有的龟能活 100 岁以上，有的龟只能活 15 年左右。即使是一些长寿的龟种，事实上也不可能个个都"长命百岁"——因为从它们诞生的那天起，疾病和敌害就时刻威胁着它。另外，海洋环境污染和人类的过量捕杀，也在危害它们的生命。

人们虽然知道龟是长寿动物，但对龟的长寿原因却说法不一。有的科学家认为，龟的寿命与龟的个子大小有关。个头儿大的龟寿命就长，个头小的龟寿命就短。有记录可查的长寿龟，像海龟和象龟都是龟类家族的大个子。但我国上海自然博物馆的动物学家不同意这个观点，因为前边提到过的那只大头龟的个头就不大，可它至少已经活了 132 年了，这又怎么解释呢？

有些动物学家和养龟专家认为，吃素的龟要比吃肉或杂食的龟寿命长。比如，生活在太平洋和印度洋热带岛屿上的象龟，是世界上最大的陆生龟，它们以青草、野果和仙人掌为食，所以寿命特别长，可以活到300岁，是大家公认的长寿龟。但另一些龟类研究人员却认为不一定。比如以蛇、鱼、蠕虫为食的大头龟和一些杂食性的龟，寿命也有超过100岁的。

最近，一些科学家还从细胞学、解剖学、生理学等方面去研究龟的长寿秘密。有的生物学家选了一组寿命较长的龟和另一组寿命不太长的普通龟，作为对比实验材料。研究结果表明，一组寿命较长的龟细胞繁殖代数普遍较多。这就说明，龟的细胞繁殖代数多少，跟龟的命长短有密切关系。有的动物解剖学家和医学家还检查了龟的心脏，他们把龟的心脏取出来之后，竟然还能跳动整整两天。这说明龟的心脏机能较强，跟龟的寿命长也有直接关系。

还有的科学家认为，龟的长寿跟它的行动迟缓、新陈代谢较低和具有耐旱耐饥的生理机能有密切关系。总之，科学家们力图从不同的角度探索和研究龟长寿的原因，但得出的结论也是众说不一，至于究竟是什么原因，还有待进一步考证。

变色龙的奥秘

变色龙的皮肤会随着背景、温度、心情的变化而发生改变。雄性变色龙会将暗黑的保护色变成明亮的颜色，以警告其

他变色龙离开自己的领地；有些变色龙还会将平静时的绿色变成红色来威胁敌人。目的是为了保护自己，避免遭受袭击。

变色龙，又名"避役"，种类约有 160 种，主要分布在非洲大陆和马达加斯加岛，少数分布在亚洲和欧洲南部，其中马达加斯加岛是它们的天堂，种类占总种类的 1/2 左右。大约有 59 个种类是马达加斯加所独有的。目前人们还在不断发现新的种类，或是根据基因分析，将被错分为亚种的变色龙定义为独立的分类。

变色龙利用自己的变色能力躲避天敌，传情达意，功能类似于人类的语言。变色龙是一种"善变"的树栖爬行类动物，在自然界中它当之无愧是"伪装高手"，为了逃避天敌的侵犯和接近自己的猎物，这种爬行动物常在人们不经意间改变身体颜色，然后一动不动地将自己融入周围的环境之中。

美国《国家地理杂志》撰文指出，依据动物专家的发现，变色龙变换体色不仅仅是为了伪装，体色变换的另一个重要作用是能够实现变色龙之间的信息传递，便于同伴间的沟通，这相当于人类语言一样，进而表达出变色龙的意图。

美问纽约国家门然历史博物馆爬虫动物学副馆长克里斯多

佛·拉克斯沃斯作为全球资深变色龙研究专家，他曾发现几个新种类的蜥蜴，还积极呼吁国际组织保护马达加斯加岛变色龙栖息地。通过对变色龙生活习性的深入研究，拉克斯沃斯指出，变色龙变换体色的另一个功能是进行通信传达信息，这一点在以前的研究中是未曾发现的。

拉克斯沃斯发现变色龙之间的信息传递和表达是通过变换体色来完成的，它们经常在捍卫自己领地和拒绝求偶者时，表现出不同的体色。他说："为了显示自己对领地的统治权，雄性变色龙对向侵犯领地的同类示威，体色也相应地呈现出明亮色；当遇到自己不中意的求偶者时，雌性变色龙会表示拒绝，随之体色会变得暗淡，且显现出闪动的红色斑点。此外，当变色龙意欲挑起争端、发动攻击时，体色会变得很暗。"

与其他爬行类动物不同的是，变色龙能够变换体色完全取决于皮肤表层内的 3 层色素细胞，在这些色素细胞中充满着不同颜色的色素。纽约康奈尔大学生物系的安德森对变色龙的"变色原理"进行了详细解释，变色龙皮肤的三层色素细胞，最深的一层是由载黑素细胞构成，其中细胞带有的黑色素可与上一层细胞相互交融；中间层是由鸟嘌呤细胞构成，它主要调控暗蓝色素；最外层细胞则主要是黄色素和红色素。安德森说："基于神经学调控机制，色素细胞在神经的刺激下会使色素在各层之间交融变换，实现变色龙身体颜色的多种变化。"

变色龙原产地非洲，依据它们的生活习性，饲养者最好用放有树枝的饲养箱给变色龙安个小家，同时，尽量保证有自然日光，理想条件是变色龙每天日照 30 分钟，最佳日照时间在早上和餐前，在自然光线下，变色龙的颜色会更加明亮、色泽鲜明。

变色龙是一种冷血动物，因此在饲养过程中它与热带鱼有相似之处，温度条件要求较高。通常日间温度应保持在28℃～32℃，夜间温度可保持在22℃～26℃。如果长期处于低温状态，变色龙会食欲降低生长减缓，甚至还会影响身体健康。变色龙的主要食物是昆虫，多数变色龙会对单一食物产生厌倦，有时还可能会拒绝进食导致死亡。

壁虎尾巴的神奇功能

壁虎，也叫蝎虎，旧称守宫，古代"五毒"之一。对壁虎来说，它的尾巴有着极其特别的妙用，这可能关系到它的生与死。它的尾巴首先是用来防止跌落。加州大学伯克利分校的生物学家发现，壁虎依靠它们的尾巴防止从垂直的表面跌落，如

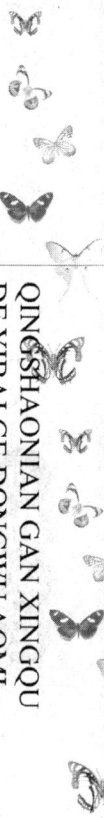

果真的摔了下来，它们也会依靠尾巴在空中调整自己，就像跳伞运动员一样安全着地。这一发现已经帮助工程师们设计出性能更优秀的攀登机器人，并可能在无人滑翔机或航天器的设计中发挥作用。研究人员表示，或许设计一种灵活的尾巴可以帮助宇航员在太空工作起来更得心应手。

据资深作家、加州大学伯克利分校系统生物学教授罗们特·弗尔介绍，早先在壁虎身上所做的实验集中在它们独特的脚趾上，脚趾是揭秘它们爬上墙并紧贴天花板的关键所在。6年前，弗尔发现，虽然脚爪帮助壁虎爬上粗糙的表面，但用显微镜可见的数百万脚趾茸毛让它们爬上光滑的表面变成可能。

工程师们受弗尔发现的启发，开始研制像壁虎一样的机器人比如波士顿动力学公司的 Rise（攀登环境用机器人）、宾夕法尼亚大学的 "DynaClimber" 以及斯坦福大学的机器人 "Spinybot" 和 "Sticky – bot"，这时他们才发现，尾巴可能是防止机器人在它们爬上垂直表面时倾斜和滑落的 "秘密武器"。

其次，壁虎的尾巴还是它的第五条腿。壁虎的尾巴对应付光滑表面至关重要。弗尔说："当我们把所有的壁虎赶上标准的表面时，它们没有滑落，而且没有用它们的尾巴。但当我们换成光滑的表面时，我们发现它们有一个活跃的尾巴就像第五条腿一样防止它们向后翻倒。对尾巴来说这是一个隐藏的功能，它告诉我们很多有关 '活跃的' 尾巴如何能影响脊椎动物的表现。"

在高速视频的帮助下，研究人员发现，当壁虎的一条腿丧失牵引力时，它会把尾巴贴到表面以防止向后滑倒直到脚趾再

次获得抓握力。这一切仅需几毫秒，因为壁虎能以每秒约 1 米的速度爬上一面墙，每秒前进换脚 30 次。不管是用贴尾巴还是把尾巴变平的技巧，几乎所有的壁虎都能不费吹灰之力爬上垂直光滑的墙面。与弗尔合作的工程师为他们的机器人设计这种"活跃的"尾巴，以复制这些在壁虎身上可能是自发的移动。

壁虎还利用它们的尾巴做到"四点着地"。在利用尾巴在空中自我调整后它们几乎总是四点着地。由于壁虎有能储存脂肪的大尾巴，这种空中调整是有可能的。

虽然其他研究人员以前就注意到这种着地，但弗尔和尤苏菲有关尾巴作用的发现实属首次。尤苏菲说："在哺乳动物中空中调整的特点在于脊柱的弯曲和转动。"自 1894 年以来，研究人员对猫的空中旋转进行了大量的研究，不管有没有尾巴，猫都能四脚着地。他说："相比之下，壁虎在将近 70% 的试验中一直保持四肢和脊柱是绝对静止的，只转动尾巴直到翻转朝下。"

此外，在面朝下之后，这些壁虎常常用它们的尾巴在空中调整自己，就像一个跳伞运动员朝目标着陆区滑行一样。在风洞试验中，壁虎居然能在气流中盘旋并利用它们的尾巴移动到固体着陆点。

现在，尤苏菲正在观察野外的壁虎，以弄清这些特技飞行技能是如何在森林中发挥作用的。他说："我们认为这些动物利用它们的尾巴而不是身体使操纵变得简单。壁虎主要围绕一个轴调整，而哺乳动物的空中调整操纵涉及几个轴，而哺乳动物需要的协调似乎要多得多。"

负责加州大学伯克利分校"跨学科生物灵感教育与研究中心"的弗尔说："这一发现是基础研究如何带来意想不到的应用的另一个典范，这些应用包括新的攀登和滑行机器人、高度机动性无人航天器甚至是太空交通工具中的能效控制。"研究中心的目标是发现其中的原理，这些原理将启发来自学术界和各行各业的工程师研制新材料、设计新机器人，还要从工程成功和失败中寻找反馈以提出新的生物学假设。壁虎脚趾对制造能反复使用的黏性录音带提供了令人鼓舞的前景。

壁虎的尾巴还有再生的功能，当它被人捉的时候为了逃生，就会断了尾巴，这只是一种本能。

扬子鳄帮助人类解决恐龙研究与复原问题

人类尚未在地球上出现以前，扬子鳄就在我国长江中下游一带生活和繁衍。在古地理学上，这一带称为"扬子海峡"，扬子鳄由此得名。

人类出现以后，人类渐渐成了扬子鳄的头号敌人。古时长江流域夏季多雨，当河湖漫溢、堤岸溃决的时候，洪水常常把扬子鳄冲出，人们就认为扬子鳄是兴波助澜造成水灾的罪魁祸首，于是，它们被人们大量捕杀，数量越来越少。

随着人类文明的发展，人们已经认识到扬子鳄的珍贵，并从捕杀扬子鳄而转向保护扬子鳄，以充分研究和探索它们的科研和经济价值。

因为扬子鳄的形态结构和生态结构跟历史上曾经是地球之霸的恐龙有很多相似之处，如颌齿都是槽生，体表都覆盖着骨质鳞甲，都是卵生，都常吞石块以助消化等。这些都证明了鳄类与恐龙有着共同的祖先，只是后来朝着不同的方向发展和进化了。由于我们得到的恐龙化石往往是不完整的，所以，在恐龙化石复原的工作中，必须参照鳄类的骨骼结构、肌肉生长情况和骨骼上留下的肌腱附着点大小等特性，来推断出恐龙的骨架全型，使恐龙复原。我们说某一种恐龙重多少吨，也是推断出来的：从复原的恐龙体积有多大，再按鳄类的比重，就可以推算出恐龙的体重来。如果没有鳄类的存在，对于恐龙等古代爬行动物的研究和复原就很困难了。而扬子鳄是我国现存的唯一的鳄类，所以它们才如此珍贵。

扬子鳄是喜温湿的动物，它们在20℃左右的气温条件下生活。它们的卵由大自然的温度来孵化，这些卵很娇气，要求温度的上限是35℃，下限是28℃。根据对扬子鳄的生态环境的研究，可以推测到，在第四纪大冰期时我国的长江流域气候依然是温暖湿润、四季轮回有序的，不然扬子鳄在我国就早已不能传宗接代而灭绝，不可能活到今天了。因此研究扬子鳄和它的生态条件对研究我国古代气候是一份不可多得的珍贵资料。

知识小链接

"狡兔三窟"的扬子鳄

俗话说"狡兔三窟"，而扬子鳄的洞穴还超过三窟。它的洞穴常有几个洞口，有的在岸边滩地芦苇、竹林丛生之处，有的在池沼底部，地面上有出入口、通气口，而且还有适应各种水位高度的侧洞口。洞穴内曲径通幽，纵横交错，恰似一座地下迷宫。也许正是这种地下迷宫帮助它们渡过了严寒的大冰期和寒冷的冬天，同时也帮助它们逃避了敌害而幸存下来。

昆虫的发育形态之秘

昆虫都是卵生的，通过产卵来繁殖后代。

不同的昆虫，产卵的环境也是不同的。蝗虫把卵产在泥土里，蝴蝶把卵产在叶子上，而蜻蜓则把卵产在水中。我们常常看到蜻蜓贴近水面飞行，而且还不时地把尾巴伸进水里，这就是蜻蜓在产卵。

昆虫从卵到成年，要经过多次体形变态。这种变态分为完

全变态和不完全变态。

有些昆虫的发育是经过卵、幼虫、蛹、成虫四个阶段的变态，这就是完全变态。如苍蝇、蜜蜂、蝉、蚕、蚊子、蚂蚁等，都属于完全变态的昆虫。完全变态的昆虫是先从卵里孵化出幼虫，幼虫再发育成蛹，蛹再发育才能变为成虫。

有些昆虫的发育不经过蛹期，只有从卵到幼虫、成虫三个阶段段，这就叫作不完全变态。如蝗虫、蚜虫、蜻蜓等都属于不完全变态昆虫。

不同的昆虫从幼虫到成虫阶段的形体变化也是不同的。有的幼虫和成虫很相像，基本是一个模样，区别只是大小之分。而有些昆虫的幼虫与成虫相比却完全是另一副模样。如，毛毛虫是蝴蝶或蛾子的幼虫，蛆又是苍蝇的后代。而金龟子的幼虫却是一条白色的、肉乎乎的虫子。

当你知道昆虫的形体变化后，就不仅能判断出昆虫的成虫，而且也能判断出昆虫的幼虫，这对保护有益的昆虫，消灭有害的昆虫是有帮助的。

昆虫触角之秘

在形形色色的动物界中，昆虫是数量最多的一类，它们的头上都长着两根长须，这叫作触角。不可小看昆虫的触角，这对于昆虫来说用处非常大。

有人曾经拿蟑螂做过实验：把蟑螂放在一堆糖和一堆木屑中间，它会毫不犹豫地爬上糖堆，大口大口地吃起来。可是如果把蟑螂的触须全部剪掉，它就会"黔驴技穷"，不知所措了，它只会在糖堆和木屑堆之间爬来爬去，根本辨别不出哪样东西好吃。昆虫的触角是怎样感知周围环境的呢？如果我们仔细观察一下昆虫的触角，就会发现，昆虫的触角上长着许多密密麻麻的细毛，这些细毛对于昆虫来说，作用特别大，因为它们是昆虫的感觉毛。这些感觉毛具有多方面的感觉功能，有的能感觉到气味，有的能感觉到声音，如同人的感觉器官——鼻子和耳朵，但比人鼻子和耳朵要灵敏很多倍。可以说，有了触角，昆虫就拥有了"高级"的鼻子和耳朵，就能灵活地寻找食物、防御敌人，从而更好地保护自己。因此，昆虫的触角是对自然界长期生活的一种适应。

昆虫耳朵生长部位之谜

昆虫也有耳朵，昆虫的耳朵是它们的听觉器官。昆虫的听觉器官构造与高等动物的耳朵不同，它由鼓膜或绒毛构成。由鼓膜构成"耳朵"的昆虫有蝉、蟋蟀、金钟儿等，用绒毛来感觉声音的昆虫有雄蛾、毛虫类等。

那么，昆虫的"耳朵"长在哪儿呢？不少人一定以为是长在它们的头上。其实，昆虫"耳朵"生长的部位十分奇特。有不少昆虫的"耳朵"是长在腿上的，如我们熟悉的蟋蟀、金钟儿的"耳朵"都长在一对前足的小腿上。有些昆虫"耳朵"生长的部位就更奇妙了，如蝗虫的"耳朵"长在腹部的第一腹节侧面两边，呈半月形开口，鼓膜发达，膜上还有一个相当于共鸣器的气囊；蚊子的"耳朵"长在触角的第二节上；蚜虫的"耳朵"长在触角的根部基上；飞蛾的"耳朵"，有的长在胸部，有的长在腹部，雄蛾的"耳朵"多长在毛茸茸触角的绒毛上；蝉的"耳朵"则长在翅膀基部的后面。

昆虫的"耳朵"能辨听节奏，但是不能辨听旋律和韵调。还有不少昆虫能够听到超声波，有的基本上还可以听见频率为20万次/秒的超声波。

昆虫口器之秘

昆虫的嘴又叫"口器"，基本上由一片上唇、一片下唇、一对上颚、一对下颚和一个舌组成。不过，各种昆虫因为取食方式、生活习性不一样，所以口器的形态和构造也就不大一样了。

蝗虫、蟋蟀、蝼蛄、金龟子等，具有咀嚼式口器，适于咀嚼坚硬的食物，被咬植株常常断裂或被咬成孔洞。

害人的蚊子，是用它那刺吸式口器来吸人血的。这种口器像个针状的管，能插入植物组织或动物皮肤里，吸食液态汁液和血液，而且很容易传播疾病。蝉、蚜虫、椿象、介壳虫等也都有这种口器。

在花丛中飞舞的蝴蝶和夜晚活动、喜爱灯光的蛾子，在吮吸花蜜时，把平时卷起的吸管伸直，插入花朵的深处，它们的这种口器叫虹吸式口器。

除以上三种之外，还有两类昆虫口器：蜜蜂的口器既能咀嚼花粉，又能吮吸花蜜，所以叫作嚼吸式口器；令人讨厌的苍蝇吃食物时，用的是它那种舐吸式口器。

昆虫中有不少是农作物的害虫，为防治它们，可以根据其口器的不同特点，有针对性地下药。

昆虫怎样调节体温

为了适应环境温度的变化，昆虫有着种种奇妙的调节体温的本领。蝴蝶的身体表面有一层细小的鳞片，这些鳞片就有调节体温的功能。当气温升高时，这些鳞片会自动张开，以减少太阳光的照射；外面气温下降时，这些鳞片又会自动闭合，紧贴住蝴蝶的身体，让太阳光直射在鳞片上，从而使身体能吸收

更多的太阳能量。

有的昆虫用改变飞行的姿态或位置来调节体温，如蝗虫群飞时，上午是迎着太阳光向东南方向飞行，下午又追着太阳光向着西方飞行。另外像金龟子等昆虫，会随着一天中气温的不同在不同的高度活动，以调节体温。

许多生长在高山和寒带的昆虫，体色是黑色的，有利于昆虫吸收太阳的热量来提高自己的体温。更令人惊奇的是，有的昆虫还会用鸣叫来调节体温。越是炎热的夏天，蝉的鸣叫越响亮。蟋蟀鸣叫的次数也会随着温度的变化而变化，天气越热，蟋蟀在单位时间内鸣叫的次数就明显地增加。不会鸣叫的蜜蜂调节体温也有妙法。夏季气温超过38℃时，蜜蜂就把大量水分带到蜂巢里，一起鼓动着翅膀，让水分很快地蒸发并被扇出去，这样就可以降低巢内的温度。

分工明确的蜂群家族

在一个蜂群中，一般是由三种成员组成的，其中工蜂是主体，约7万只，都是不会生育的雌蜂。此外，还有一只蜂王和600～800只雄蜂。这三组成员组成的群体结构十分稳定，分工非常精细，是一群高度合群的社会性昆虫。

工蜂担负着整个大家庭的全部劳动：侍奉蜂王、哺育幼蜂、修巢建房、清理垃圾、采花酿蜜、守卫门户。雄蜂是由未受精的卵发育而成的，生殖器官发育完全，它唯一的职能就是和蜂王交配，其他什么活也不会干。蜂王的唯一任务就是产卵。它在晴朗的日子飞出时，成百的雄蜂随后追逐。最后，只有一只飞得最快、体格最健壮的雄蜂才能与蜂王交尾。雄蜂在交尾时生殖器官全部脱落在蜂王的生殖器官中，所以不久便死亡。而那些无缘与蜂王交尾的雄蜂从此便被工蜂拒之门外，由于它们不会"劳动"，最后都被饿死了。

蜜蜂、蚂蚁都是过社会生活的昆虫，因此有人称它们为集群昆虫或社会昆虫。一群蜂中只有一只蜂王，一群蚂蚁中只有一只蚁后，蜂王、蚁后是蜂群、蚁群中唯一能产卵来延续后代的个体。有人说，蜂王、蚁后是活的产卵机器。

就拿蜂王来说吧，由于在蜂群这个昆虫社会中，仅有蜂王是可以产卵延续后代的，工蜂就用特殊的食物来喂养它，这种物质就是蜂王浆。蜂王浆营养丰富，使蜂王能产更多的卵，这对维持强大的蜂群是十分有益的。蜂王很少飞出蜂巢，因而遇到敌害的机会很少，偶受外敌侵袭，工蜂便竭力保护它，使它不受伤害。优越的生活条件和特殊的作用，使蜂王长得比工蜂大，体长约为工蜂的 2 倍，体重约为工蜂的 2.8 倍。这种得天独厚的条件，使蜂王寿命一般可达五六年，甚至十几年。相比之下，工蜂和雄蜂的个体就小多了，寿命也仅有 1～5 个月。

蜂王浆又叫蜂王精，含有极为丰富的蛋白质、多种维生素、20 多种氨基酸、脂类、葡萄糖以及无机盐等，还含有对人体非常重要的抗菌素和激素，深受人们的喜爱。

有人认为，蜂王浆是由蜂王分泌的，其实不然。一个蜂群通常是由几千到几万只蜜蜂组成的，其中仅有一只蜂王，在极少数情况下也有双王群的。蜂王的职务就是产卵，它不但不会分泌蜂王浆，而且还需要工蜂饲喂它蜂王浆。

原来，蜂王浆是由工蜂咽腺分泌出来的一种白色的乳浆。工蜂分泌这种浆液主要是用它来喂养王台里的蜂王幼虫、工蜂幼虫和雄蜂幼虫的，同时也用来喂养产卵期的蜂王，所以又把蜂王浆叫作"蜂乳"。如果蜂王幼虫能吃到 16 天的蜂王浆，它就可以发育成蜂王；而一般的幼虫仅能吃到 3 天的蜂王浆，以后工蜂就只喂它们花蜜和花粉了。

广角镜

蜜蜂的分类进化

根据化石资料，蜜蜂在第三纪晚始新世地层中已大量发现。它的出现与白垩纪晚期显花植物的繁盛密切相关。在分类上，蜜蜂总科与泥蜂总科接近，其祖先可能起源于泥蜂总科的一支。但因食性不同，形态特征也趋向分化。蜜蜂的进化特点是：嚼吸式口器，采粉器官形成，体毛分枝；成、幼期均吃花蜜和花粉；群体和社会性生活方式出现；多态型和总科内寄生性的出现等。

俗话说"强群多产浆"，要想让工蜂更多地分泌蜂王浆，首先必须有足够的蜜源和强壮的蜂群。

由于健康而年轻的蜂王在夏季的繁殖盛期，一天能产 2000 个左右的卵。这时，工蜂有了王台和饲喂蜂王幼虫的"要求"，它们才可能从咽腺分泌出大量的蜂王浆。

蜜蜂采蜜刚开始并不是集体出动的，而是首先派出一些"侦察员"。

在采蜜前，首先由一些工蜂飞出去侦察。工蜂头上有一对触角，触角上长着特别的嗅觉器官，这种器官能够嗅出各种花的不同香味。它们还长有三只单眼和两只复眼。单眼是负责看近处东西的，复眼是负责看远处东西的。复眼由4000多只小眼组成，还能区别黄、蓝、紫色和紫外线。这样，工蜂就能很容易找到自己喜爱的花朵了。

如果有些花没有美丽的颜色或浓郁的香味，该怎么办呢？工蜂就从腹端分泌出一种香味，散发在花上。

派出去的侦察蜂只吸上一点花蜜，采上一点儿花粉，就急急忙忙地飞回蜂巢，蜂巢里有一片片巢脾。它们就在巢脾上跳起舞来。这是侦察蜂在向蜂巢里的蜜蜂群发出信息。如果蜜源离蜂巢较近，侦察蜂就在一个蜂房边抖动翅膀边作圆形跑步，表演圆形舞；如果蜜源较远，侦察蜂就表演"8"字摆尾舞；如果蜜源对着太阳的方向，侦察蜂的头就向上；如果蜜源背着太阳的方向侦察蜂的头就向下。

蜂巢里的蜜蜂群得到侦察蜂的情报后，就一齐出动，奔向蜜源采蜜去了。

哪种蜜蜂不蜇人

蜜蜂蜇人，这是众所周知的，可是秋天有人会捉来一放在手上玩。难道他不怕被马蜂蜇吗？

原来，无论马蜂还是蜜蜂，它们之所以能蜇人，都是因为腹部末端有蜇刺。这蜇刺是由产卵器转化而来的。在蜂群社会中，有蜂王、工蜂和雄蜂之分。蜂王、工蜂是雌性，具有产卵器，也就有蜇刺，用来作自卫的武器。雄蜂没有产卵器，也就没有蜇刺。春夏之际，百花盛开，工蜂们忙着采蜜和花粉。这样，在自然界中到处飞舞的都是工蜂，它们有自卫的武器，招惹了它们自然就免不了要受皮肉之苦了。

然而，到了秋天，雄蜂也飞出巢和蜂王追逐交配，此时若捉住一只雄蜂，当然就不会蜇人了。

那么，怎样来区别雌马蜂和雄马蜂呢？很简单，只要看看它

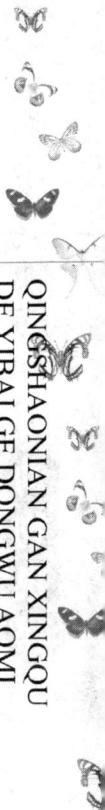

头部的颜色就能区别开。脸色焦黄的是雌蜂，会蜇人；脸色苍白的是雄蜂，它无蜇刺，不能蜇人。针和两根小的腹针组成的，在针刺的后面紧连着蜜蜂的毒腺和内脏。当蜜蜂蜇"敌人"的时候，就用它的腹针尖上的倒钩把"敌人"的皮肤钩住，同时通过毒腺把毒液注射进去。

可是，蜜蜂在结束战斗要飞走的时候，不幸的事情发生了：它刺进"敌人"皮肤内的针已经拔不出来了，这样，蜜蜂一飞走，它的一部分内脏就被扯了出来，害得蜜蜂自己也丢掉了性命。但是，却从来没有一只蜜蜂为此胆小畏惧过。在整个蜂群中，工蜂不仅个个都是出色的劳动者，而且也是保卫大家庭的英勇"战士"。雄蜂因为没有蜇针，所以它们是不参加战斗的。

在一般情况下，要不是遇到有意挑衅者，蜜蜂是不会轻易蜇人的。

蚂蚁家族之秘

蚂蚁是社会性昆虫，一般有三个品级，即雄蚁和可育雌蚁、工蚁、兵蚁。雄蚁和雌蚁均有翅，交配后的翅自行脱落后，开始营巢，以后专司繁殖后代而不外出，称为"蚁后"。工蚁和兵蚁均系无翅不育雌蚁。工蚁一般司建巢、外出采食并

饲育幼蚁和雌蚁等职；兵蚁头部发达且具特大的上颚，司御敌保卫之职。

蚂蚁体表光滑或具刻纹，体色一般黑、褐、黄、橙和暗赤色，头部形状各异，上颚形状亦多变化。

蚂蚁除少数过着寄生性生活外，皆过着社群性生活。蚁巢常位于土下深处或近表土层，少数可高出土面成土垅形，或在砖石块下，或于树木植株茎干和根内，有时可在居屋墙壁内，或以其他昆虫或动物的巢穴作巢。巢中常有客居昆虫，甚至有以他种蚂蚁为奴蚁者。蚁群大小因种类而异。蚁的食性复杂，有肉食性和植食性。

蚂蚁可直接或间接地有害于人类，如侵入居室的小家蚁侵袭人们的食物而造成污染，传播疾病。生活于田间的东方矛蚁可加害马铃薯、十字花科蔬菜和西瓜等。蚁类又能灭害虫而为益虫，如红树蚁能防治柑橘树上的害虫；红蚂蚁能消灭甘蔗害虫，红褐林蚁等可消灭森林害虫。又如鼎突多刺蚁既可消灭林木和作物害虫，还能作为医用的强壮剂，并有治愈癌症的病例报道。

我们常常可以看到，有时一群蚂蚁搬食或运土，会与另一群蚂蚁相遇。这两群蚂蚁竟然大动干戈、互相厮杀，战斗进行得很激烈。为什么蚂蚁会自相残杀呢？

知识小链接

有趣的蚂蚁分工

蚂蚁有不同的类型，每一类都有其专门的职责。蚁后产卵，大部分卵将发育成雌性，它们被称为工蚁。它们负责建筑并保卫巢穴，照顾蚁后、卵和幼虫，以及搜寻食物。到了一定的时候，雄蚁与新的蚁后会产生出来。它们有翅膀，从巢穴里集群飞出。交配以后，雄蚁即死去，新的蚁后则开始领导起又一个群体的生活。

有人做过这样一个实验：把一只蚂蚁与另一窝的蚂蚁放在一起，当它们的触角一接触，就立刻厮杀起来。但如果把同一窝的两只蚂蚁放在一起时，它们不但不厮杀，反而相互表现得十分友好。

原来，不同窝的蚂蚁身上有着不同的气味，而蚂蚁的嗅觉又极其敏锐。当它们一旦嗅出对方不是自己家族的成员时，在本能的驱使下，通过厮杀"保卫"自己的家园。如果把异窝蚂蚁放在一起，将其中一窝用水洗掉它们身上的特殊气味，两军大战就因没有异味而避免。若是把同窝蚂蚁中一只蚂蚁的身上喷些香水把它再放回蚂蚁群中，虽是自己"人"，因气味的不同也会被驱逐出境或被打死。这是蚂蚁长期进化过程中的一种集群适应性。

我们经常可以看到这样的景象：一只小小的蚂蚁，拖着比它的身子和重量都大许多的死蜻蜓、死蟑螂、毛毛虫，还有饭

粒、馒头渣子等。它那甘心负重的精神令人感动。据研究，一只蚂蚁能轻而易举地将比其自身重量大 1400 倍的筑巢材料或食物拖到自己的巢口。

小蚂蚁为什么有那么大的力气呢？

蚂蚁每天吃的东西特别多。人每天的饭量是体重的 1% 左右，而小小的蚂蚁每天吃的东西几乎等于它的体重。从这一点上看，吃得多与力量大是成正比的。

蚂蚁的腿部肌肉十分奇特，只要肌肉在活动的时候产生一点儿酸性物质，它就在一刹那间收缩起来，并产生出巨大的力气，这种力气使得它能拖得动或用嘴衔得起比它体重重十几倍甚至几十倍的东西。

蝴蝶的家族

蝴蝶是触角端部粗，翅宽大，停歇时翅坚立于背上的鳞翅目昆虫。蝶类触角为棒形，触角端部各节粗壮，呈棒锤状。体和翅被扁平的鳞状毛。蝶类白天活动。在鳞翅目 158 科中，蝶类有 18 科。蝶类成虫取食花粉、花蜜；幼虫为植食性，为害林木与庄稼。蝶类翅色绚丽多彩，被人们作为观赏昆虫。我国蝴蝶种类丰富，尤其是在亚热带地区。常见的科有：

凤蝶科　大型蝶类，色彩艳丽，后翅一般有尾带，更增娉妍。多产于热带、亚热带地区，食芸香科、缴形科植物。有时成害，如黄凤蝶、玉带凤蝶等。

粉蝶科　中等体型，一般为白、黄、橙等色。白粉蝶为害十字花科蔬菜，树粉蝶为害果树。

蛱蝶科　已知有 5000 种以上，是蝶类中为数最多的一科。前足退化，无爪，翅叠于背上。易于识别。稻眼蝶幼虫为害稻和竹，前翅有二眼纹，如日月，故又名日月蝶。

灰蝶科　小型蝶类。翅色有蓝、绿、青铜等色，带金属光泽。幼虫大都植食性，少数能捕食蚧或蚜。

绢蝶科　本科昆虫翅薄半透明，无尾，一般白色或带有花纹，极为娟丽，为山栖性，多在寒冷地区。

苍蝇、蚊子飞过的时候人们都可以听到嗡嗡声，尤其是夜深入静时，蚊子飞来，还带着刺耳的声音。而蝴蝶飞行时却无声无息。有人说，这是因为苍蝇、蚊子会鸣叫，蝴蝶不鸣叫的缘故。其实苍蝇、蚊子、蝴蝶都没有鸣器，都不会鸣叫。那为什么苍蝇、蚊子飞行时有声音而蝴蝶却没有声音呢？

原来，我们人类的耳朵只能听到每秒 16～2000 次振动的

声波，高于或低于这个范围的声波我们是听不到的。

据研究，苍蝇飞行时每秒振翅 147～220 次，伊蚊每秒振翅约 587 次，有的摇蚊每秒振翅 1000 次，蜜蜂每秒振翅 180～203 次，而凤蝶每秒振翅仅有 4～10 次。因此，蚊蝇飞行振翅产生的声波我们能听到，而蝴蝶飞行振翅的频率低，产生的是次声波，我们根本无法听到。

当我们在草地上捕捉到一只蝴蝶时，用手一摸，就会发现蝴蝶的翅膀上有许多粉。有人以为这些粉是花粉，其实蝴蝶翅膀上的粉叫作"鳞粉"。这些鳞粉沾在手上就像细粉一样。而"鳞粉"并不是浮在翅膀上的细粉，而是从翅膀上生出来的一种体毛的变形，因为它的形状同鱼鳞相似而得名。每一鳞片上含有多种色素颗粒。鳞粉可以帮助蝴蝶飞行。

如果把蝴蝶的鳞粉放到显微镜下观察，即可发现它的形状真是千姿百态。有的是扇形，有的是箭形，基部有短短的细柄，接上去是一道道的条纹。这些条纹细得惊人，在 125 倍的显微镜下看，它比头发还要细。鳞粉有的透明，也有的半透明，还有的两边蓝绿色，中间淡红色……这些五颜六色的鳞粉，使蝴蝶的翅膀显得格外美丽。

热带地区有一种毒蝴蝶，它的毒素并不是遗传的，而是吃食物时吃进身体的。这种蝴蝶的幼虫从小就吃西洋山梅花的叶子西洋山梅花是一种毒性很大的植物，别的动物都对它敬而远之。但飞蛾的幼虫不仅能够承受西洋山梅花的毒性，而且能把毒素慢慢慢地积攒到自己的身体里。等它终于长出了翅膀那一天，就成了一只名副其实的毒蝴蝶了。

蝴蝶有了毒，就不再是美味的食物了。鸟、小爬虫，甚至哺乳动物吃了这种毒蝴蝶后，都只有死路一条。蝴蝶可以凭借身上的毒素保护自己，增加生存的机会。但它们必须首先用适当的方式及时通知自己的敌人"我是有毒的"，否则，身上的毒素还有什么用处呢？毒蝴蝶是通过自身的一个刺眼的红尾巴向敌人示警的。看到这盏"红灯"的警告，谁也不敢吃它了。蝙蝠是蝴蝶最大的敌人，用"红灯"去警告几乎是瞎子的蝙蝠，无疑是太蠢了。于是，有的毒蝴蝶就发出"咔嚓"的声音示警。蝙蝠一听到从毒蝴蝶腿部发出的警告，就落荒而逃了。

毒蝴蝶的本领当然令人羡慕，有些聪明的无毒蝴蝶为了逃避厄运，也伪装成有毒的样子。它们模仿毒蝴蝶警告声的频率和音量，于是蝙蝠对它们也就不敢随便欺负了。

会飞的蜘蛛

在民间，人们把蜘蛛称为"谷屯"、"饭箩兜"等，这是因为蜘蛛能捕捉田间的害虫，是保护农作物的"田间卫士"。

我国有3000多种蜘蛛，其中约80%生活在农林草原，稻田蜘蛛约有280种，橘园蜘蛛约有150种。正因种类多，所占的空间就不同。如结网蛛，分为上、中、下层布网，而且纵横交错；不结网的蜘蛛也分为上、中、下层巡回游猎，这样就为

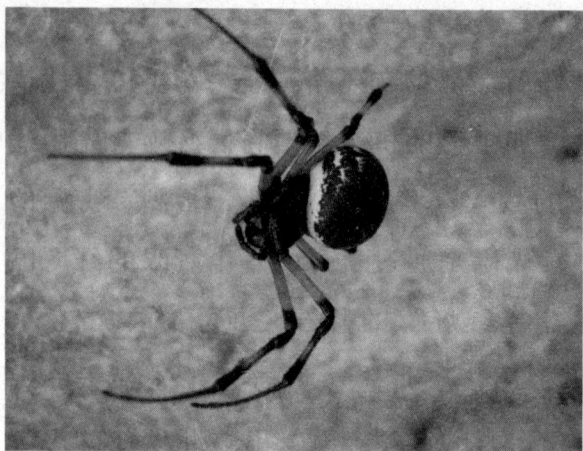

害虫布下了天罗地网，无论害虫出现在哪里，都可由处于不同空间的蜘蛛歼灭亡。例如，在稻田中为害茎秆下部的害虫飞虱、叶蝉、螟虫等，就由生活在中、下层的狼蛛、微小蛛、球腹蛛等捕食；为害叶面的纵卷叶螟、稻苞虫、稻螟蛉等幼虫，就由上、中层的管巢蛛、跳蛛、蟹蛛、猫蛛等捕捉；各种飞行的小害虫由肖蛸、园蛛等张网围歼。

蜘蛛没有翅，但却能"飞"。能"飞"的大多是昼出适光的蜘蛛。

在春秋季节风和日暖的时候，有大量幼蛛出现，就可看到蜘蛛在飞。成群的幼蛛在离开卵袋后，爬上草茎或细枝顶端，四对步足着地，腹部翘起，头胸部向下，从纺织器中放出丝来，叫游丝。随着微弱的气流，游丝逐渐伸长，若丝附着到某个物体就成为基础丝，此时结网蛛就开始结网；若丝附着不到任何物体，就则随上升的气流飘浮，幼蛛也就腾空而起，在空中随风飘飞。

许多游丝在空间簇集在一起，构成天丝，一缕天丝中可以包括不同科、属、种的蜘蛛。据记载，有人曾见天丝在空中铺成三角形，边长达 8 海里。著名生物学家达尔文记载，在船离岸二三百海里都见有蜘蛛从天而降，可见在远离陆岸的海岛或高山上有蜘蛛，是由于蜘蛛能"飞"。蜘蛛的飞行行为有利于它们的分散分布，以获得更多的生存条件，使它们能广泛分布于全球。

蜘蛛为什么不会被网粘住

蜘蛛称得上是一位建筑大师，它织出来的网与人们为了捕鸟而做的网很相似，但是蜘蛛的网更为出色。

蜘蛛先搭好网架，之后便开始围着网心一圈一圈地编织起蜘蛛网来。它一边编织，一边从肛门尖端的突起处（纺织器）分泌黏液，这种黏液遇到空气就变成细丝。与此同时，蜘蛛还能分泌出另外一种黏液，这种黏液因表面张力的作用，很快形成了无数个水珠状的小黏球，粘在横丝上。蜘蛛之所以能捕捉猎物，靠的就是这些小黏球。

当猎物被网粘住时，由于拼命挣扎所产生的振动使蜘蛛很快发觉，于是它便顺着没有黏球的纵丝向猎物爬去。

蜘蛛网中心部的横丝和纵丝上都没有小黏球，蜘蛛通常就喜欢待在这里。

那是不是蜘蛛也怕小黏球呢？不是的。如果把蜘蛛放在有小黏球的横丝上，它是不会被黏球粘住的。

蜘蛛为什么不会被网粘住呢？原来，蜘蛛的身上有层油质，所以它不会被网粘住。假如用去除油污的药品把蜘蛛腿擦得干干净净，然后再把它放在网口，蜘蛛就会被网紧紧地粘住。

昆虫为什么会自投蛛网

我们常常看见蛛网上粘着小虫，那么这些昆虫为什么非要往网上撞呢？科学家经过研究得出结论：昆虫自投蛛网是由于紫外线的作用。

科学家在研究几种现存最古老的蜘蛛网时，发现这些蜘蛛网对紫外线的反射能力特别强。为了检验这种反射是否有利于诱捕昆虫，他们做了个实验：将同一只蜘蛛结成的两张网分别放在一个Y形房间分岔的两端，并对这两处的光线进行特别处理，其中一端含有紫外线的成分，另一端将耀眼光线遮住，然后，放出一群果蝇，它们多数立刻向有紫外线的蜘蛛网飞去。这些昆虫把紫外线当成了晴空，因而误入罗网。

现在，进化了的蜘蛛生活在较明亮的栖息地，由于它们的蜘蛛网对紫外线的反射率不高而影响诱虫，于是就在不显眼的网状结构上编织了若干反射紫外线的花形。这个新招能使大多数昆虫自投蛛网，在这些迷宫中身陷困境。

人们以为蜘蛛总是用蛛丝结网的，其实不论是否结网，蜘蛛在生活中都离不开丝。它们或用丝结网、筑巢，或作丝来缠裹猎获物，或以丝结茧包裹受精卵。卵茧里装着受精卵，关系到蜘蛛后代的出生，因而备受雌蛛的精心爱护。

　　有一种在墙壁上用丝作白色扁圆形卵茧的蜘蛛，因为卵茧的形状大如古钱，因而得名壁钱，又称壁茧。壁钱产卵后总是守在卵茧旁。赤月毒蛛把卵产在编织好的卵囊里，再粘在自己的尾部，随身携带直到幼蛛孵出并独立生活才分开。

　　还有的蜘蛛编织的卵袋又大又精致。它们先在树上织成白色卵袋，将卵产在袋内，再用丝在袋口织个盖子。为了使卵能够抵御严寒，它们又吐出棕红色丝将袋子包裹，并用足拍松，再用白丝加厚，最后还要用深褐色丝织成带子绕在袋的外面。春天来临，幼蛛孵化出来，卵袋自动打开，小蜘蛛爬出母亲造的"房子"，用丝吊在树枝上打秋千。丝断蛛落，小蜘蛛独立的生活开始了。

　　由于蛛丝纤细、弹性好、拉力强，所以它被人类广泛地用于天文、医学、军事方面。早在 1820 年，就被用来制作天文望远镜上十字环的十字丝，至今仍是天文测量仪器上的一项重要材料。在医学上，蛛丝是制造人工心瓣和人工静脉必不可少的材料；在军事上，蜘蛛丝被用来制造轻便、柔软的高级防弹背心。

蝎子的奥秘

　　白天，在翻动乱石堆时，我们有时会碰见蝎子从石堆下或从地面的洞穴中爬出来。它的头前有两条长脚须，各举着一个锋利的大螯足，身后高高翘起像尾巴一样的东西，末端还伸出一个细尖的钩状尾刺。这时，我们千万不能用手去捉蝎子，一不小心，大螯足会像钳子一样夹住了手而不放松。如被尾刺蜇一下，毒液液进入身体后，人就会感到疼痛难忍，虽然量少，但它的毒力和作用，并不亚于眼镜蛇的毒液。蝎子的头和胸长在一起，因此它的身体只能分为头胸部和腹部两部分。头胸部的两侧是带螯的长脚须，这是它捕食的得力工具；此外，还有用来行走的四对长步足，第一对较短，依次增长，便于支撑身体，使"尾巴"高举，扩大其控制范围。

　　蝎子的腹部比较特别，前七节很宽，叫前腹部，后六节又细又窄，叫后腹部，能够伸直扬起，又有弯曲，如同一条尾巴，其实，蝎子是没有尾巴的。在它的后腹部最后一节里有一对毒腺，分泌出的毒液便由尾刺排出。毒液的毒性很强，这是它的毒性之所在，是它保护自己的武器。

　　蝎子一般都在夜晚出来活动捕食，它最喜欢以活的蟑螂、大土鳖、蝼蛄、潮虫（鼠妇）、蜘蛛和小蜈蚣等为食物。一旦

遇上有反抗能力的小动物，蝎子便用尾刺先把它蜇死，再用螯肢将其撕碎，先吸取体液，再吐出消化液，溶化猎物的组织，然后再吸吮。蝎子一般不主动蜇人，只有在不得已的情况下，它才用尾刺蜇人。

蝎子是卵胎生的，一次能生出 15～35 只小蝎子。刚生下的小蝎子外面还包着一层黏液，大小像大米粒那样。稍后，它们就从黏液中挣脱出来，一齐爬到母蝎子的背上。母蝎子不活动，静等着小蝎子往上爬。爬到背上的小蝎子，头一律朝外，相互贴靠在一起排成一圈，非常整齐，一动也不动。因此，在母蝎子的背中央便显露出一条褐色的长条纹。不仔细看，母蝎子的背上真好像是裂开了一条长裂缝。怪不得有人认为小蝎子是从母蝎子的背裂缝里爬出来的。他们因为看不到母蝎子活动，便以为它死了。

凡是没有爬到母蝎子背上的小蝎子，便被母蝎子或其他的蝎子吃掉；而爬到母蝎子背上的小蝎子，便由母蝎子带走了。小蝎子一般要在背上呆上几天，经过蜕一次皮就能独立生活了。它们要经过三年，蜕六次皮才能长成大蝎子。母蝎子一生要生好几次小蝎子。

蝎毒之秘

已知蝎类约 600 种，广泛分布于世界各地，多产于温带和热带。蝎毒最强的是埃及五条纹蝎。此外，美国南部的卡若米尼安蝎、欧洲及北美的意大利蝎、墨西哥的墨西哥蝎和苏夫斯蝎、巴西的赛茹那特蝎、我国的东亚钳蝎均为世界著名蝎种。

热带的蝎体型较大，可长达 20 多厘米，毒性强烈。据记载，约 100 年前墨西哥的杜文可州，在 30 年的时间内，被苏夫斯蝎咬死 118 人，平均 10 万人中，每年有 11 人死于蝎毒；印尼苏门答腊毒蝎咬伤儿童的死亡率达 60%。我国的蝎已知有 15 种，个体较小，体长仅 5 ~ 7 厘米，毒性较小，被刺一下，有火辣辣的痛感，或头晕眼花，出冷汗，使人难忍，但不致于中毒致死。

蝎毒为毒蛋白，含有神经毒素、心脏毒素、血管紧张素。蝎毒可治流行性乙型脑炎，蝎体可治 16 种疾病，如半身不遂、耳聋、风疮等。

"永远不死"的变形虫

在长有水草的池塘中取水，连同水草和腐烂的茎叶一起采集，在没有阳光的地方放置 3~5 天，液面上便会有黄色泡沫浮现，此时便可从泡沫处发现变形虫。变形虫之所以能改变形状，是因为细胞膜没有细胞骨架、膜骨架。变形虫有随机伸出的伪足，造成体内细胞质流动，所以形态不固定。

变形虫身体是由一个细胞构成，没有固定的外形，可以任意改变体形，属原生动物，主要生活在清水池塘，或在水流缓慢、藻类较多的浅水中，一般的泥土中有时也可以找到，亦可成寄生虫寄生在其他生物体内。

变形虫能在全身各处伸出伪足，其主要功能为运动和摄食。它们一般是以单细胞藻类、小型单细胞动物作为食物。当碰到食物时，变形虫会伸出伪足进行包围，由细胞质里面的食物泡消化。变形虫细胞质里面本身有伸缩泡及食物泡，伸缩泡作用是排除变形虫里面过多水分，而食物泡的功能则是消化食物养分。消化好的食物会进入周围的细胞质中；不能消化的物质，就会通过质膜排出体外，称"排遗"。

变形虫与其他生物一样需要利用能量进行呼吸作用。变形虫的呼吸作用中，所吸入的氧和排出的二氧化碳，都是由细胞

膜负责。其繁殖方式亦相当简单，主要靠有丝分裂繁殖，即原来的遗传物质先复制，然后连同整个细胞一分为二；遗传功能由细胞核负责，跟其他生物一样。

世界上各种生物都有自己的形状和独特的模样，可是变形虫却与众不同，它的身体只有孤零零的一个细胞，细胞由薄膜、细胞质和细胞核组成，没有心肝脾肺肾。但动物的一切生理机能，如运动、消化、呼吸、排泄等，都可以由这唯一的细胞承担。

自古以来，各种动物死了之后，都留下自己的尸体，然而变形虫却死不留尸！原来，当变形虫长大之后，就开始繁殖，由一个分裂而变成两个，这样，老的变形虫就消失了，变成两个新的变形虫。难怪科学家称变形虫为"永远不死"的动物，或者称之为"永生的虫"。

变形虫乃最低等的原始生物之一，唯生存上条件跟多细胞生物一样。由于变形虫结构简单、培植容易，所以是生命科学试验的主要材料之一。

五毒之首蜈蚣

蜈蚣，又名天龙、百足、百脚虫等，主产于我国江苏、浙江、湖北、湖南、陕西、河南和广西等省区，号称"五毒之首"。

蜈蚣第一对脚呈钩状，锐利，钩端有毒腺口，一般称为腭牙、牙爪或毒肢等，能排出毒汁。被蜈蚣咬伤后，其毒腺分泌出大量毒液，顺腭牙的毒腺口注入被咬者皮下而致中毒，一般长 1.5~34 毫米。药用蜈蚣是大型唇足类多足动物，只有 21 对步足和 1 对颚足；"钱串子"也是蜈蚣，只有 15 对步足和 1 对颚足；"石蜈蚣"也只有 15 对步足。还有些蜈蚣的步足又多又短，有 35 对、45 对，最多的达到 173 对。

蜈蚣体形呈扁平长条形，长 9~17 厘米，宽 0.5~1 厘米。全体由 22 个环节组成，最后一节略细小。头部两节暗红色，有触角及毒钩各 1 对，背部棕绿色或墨绿色，有光泽，并有纵棱 2 条；腹部淡黄色或棕黄色，皱缩；自第二节起每体节有脚 1 对，生于两侧，黄色或红褐色，弯作钩形。质脆，断面有裂隙。气微腥，并有特殊刺鼻的臭气，味辛而微咸。

蜈蚣性畏日光，昼伏夜出，喜欢在阴暗、温暖、避雨、空气流通的地方生活。主要生活在多石少土的低山地带。平原地区虽然有分布，但是数量较少。蜈蚣白天多潜伏在砖石缝隙、墙脚边和成堆的树叶、杂草、腐木阴暗角落里，夜间出来活动觅食。一般在 10 月天气转冷时，钻入背风向阳山坡的泥土中，

潜伏于离地面约 12 厘米深的土中越冬至次年惊蛰后（3 月上旬），随着天气转暖又活动觅食。

蜈蚣钻缝能力极强，它往往以灵敏的触角和扁平的头板对缝穴进行试探，岩石和土地的缝隙大多能通过或栖息。密度过大或惊扰过多时，可引起互相厮杀而死亡。

蜈蚣为典型的肉食性动物，性凶猛，食物范围广泛，尤喜食小昆虫类。它有能射出毒液的颚爪，甚至可杀死比自己大的动物。也有同种互相残杀中毒而致死的现象。蜈蚣所食的昆虫有蟋蟀、蝗虫、金龟子、蝉、蚱蜢以及各种蝇类、蜂类，甚至可食蜘蛛、蚯蚓、蜗牛以及比其身体大得多的蛙、鼠、雀、蜥蜴及蛇类等。在早春食物缺乏时，也可吃少量青草及苔藓的嫩芽。

蜈蚣为卵生。每年春末夏初，卵巢里的卵粒逐渐发育成熟，一般产卵量在 20～60 粒，大多 40～50 粒，个别的 10 粒以下。产卵季节在 6 月下旬～8 月上旬，即在夏至到立秋期间，而以 7 月上旬、中旬为产卵旺期。产卵前，蜈蚣腹部几乎紧贴地面，自行挖好浅浅的洞穴。产卵时，蜈蚣躯体曲成 S 形，后面几节步足撑起，尾足上翘，触角向前伸张，接着成串的卵粒就从生殖孔一粒一粒地排出。

在不受外界惊扰的情况下，顺利产卵过程需 2～3 小时。产完卵后，蜈蚣随即巧妙地侧转身体，用步足把卵粒托聚成团，抱在怀中孵化。产卵时，若受惊扰，就会停止产卵或将正在孵化的卵粒全部吃掉，这就是所谓蜈蚣的保护性反应。蜈蚣孵化时间长达 43～50 天。这期间，母蜈蚣一直不离卵或幼体，精心守护着，有时下半身及触角不时地左右摆动和扫动，驱赶近身的小虫，并常用食爪拨弄或吮添着卵团和幼体，据推测，蜈蚣可能是在分泌某种口腺和基节腺的分泌物，防止卵团遭受细菌侵害或其他污物沾染。

卵呈椭圆形，大小不一，一般卵的直径为 3 ~ 3.5 毫米，米黄色，半透明状。卵膜富有弹性，卵团孵化较慢，头 5 天内无显著变化，只是由米黄色逐步转白；半月后卵粒增长成腰子形，中间痕线裂开，卵粒长至 5 毫米；20 天后，成月牙状，隐约可见细小脚爪，卵粒约 7 毫米；1 个月后，初具幼后形态，体长约 1.2 厘米，并能在母蜈蚣怀抱内时时蠕动；35 ~ 40 天后，幼体蜈蚣长到 1.5 厘米，已能上下爬动，但尚不离母体；到 43 ~ 45 天后，长到 2 ~ 2.5 厘米，幼虫脱离母体而单独活动觅食。如果是人工养殖，孵化期内，不必喂食，因为母体在孵化期前，已充分积聚养料，否则反而造成卵因被食物污染而白食。

蜈蚣从卵孵化，幼体发育、生长，直到成体，均需经过数次蜕皮，每蜕一次皮就明显长大一次。成体蜈蚣一般一年蜕 1 次皮，个别的 2 次。成体蜈蚣蜕皮前，背板翘起而无光泽，体色由黑绿转变为淡绿略带焦黄色，步足由红变黄，全身浑粗，行动迟缓，不进食物，视力及触觉能力减退，即使拨动也不能迅速逃避。

蜕皮时，蜈蚣用头部前端顶着石壁或泥壁，先顶开头板，然后依靠自身的伸缩运动逐节剥蜕，使躯体连同步足由前向后依次进行。蜕到躯体第 7 ~ 8 节时，蜕出触角。最后才蜕离尾

足。蜕下的旧皮呈皱缩状，拉直时是一具完整的蜈蚣外壳。成体蜈蚣一般每4～6分钟蜕出一节，全部蜕出约需2小时。蜕皮时也要避免惊动，否则会延长蜕皮时间。饲养的蜈蚣在蜕皮时，更要防止成群的蚂蚁对它趁机攻击，因蜕皮时蜈蚣无反抗能力，新皮鲜嫩，易受蚂蚁叮咬。

蜈蚣生长速度不快，从第一年卵孵化成幼虫到当年冬眠之前才长至3～4厘米，第二年出蛰之前，食物充盛，但也不过长到3.5～6厘米，第三年才长到10厘米以上。因此蜈蚣从卵开始到它发育长大为成虫再产卵，需足足3～4年时间。同年生下的蜈蚣，早期产卵与晚期产卵的幼体大小有很大差别。当年生长快慢与食物是否充足、进食时期长短有很大的关系。

世界上最多节肢的动物马陆

马陆，也叫千足虫，隶属于节肢动物门多足纲倍足亚纲，全世界都有分布。马陆约有1万种，生活于腐烂植物上并以其为食，有的也危害植物，少数为掠食性或食腐肉。特征为体节两两愈合（双体节），除头节无足，头节后的3个体节每节有一对足，其他体节每节有足2对，足的总数可多至200对。除头4节外，每对双体节含2对内部器官、2对神经节和2对心动脉。头节含触角、单眼及大、小腭各1对。不同种马陆体节数各异，从 11 节到 100 多节。除 1 个目外，所有马陆均有钙质背板。自卫时马陆并不咬噬，多将身体蜷曲，头卷在里面，外骨骼在外侧。许多种可具侧腺，会分泌一种刺激性的毒液或毒气以防御敌害。

马陆性喜阴湿。一般生活在草坪土表，土块、方块下面或土缝内，白天潜伏，晚间活动。马陆受到触碰时，会将身体卷曲成圆环形，呈"假死状态"，间隔一段时间后，复原活动。马陆一般危害植物的幼根及幼嫩的小苗和嫩茎、嫩叶。马陆的卵产于草坪土表，卵成堆产，卵外有一层透明粘性物质，每次可产卵 300 粒左右。在适宜温度下，卵经 20 天左右孵化为幼体，数月后成熟。马陆 1 年繁殖 1 次，寿命可达 1 年以上。

土壤动物是生态系统物质循环中重要的分解者，马陆是土壤动物中的常见类群，主要以凋落物、朽木等植物残体为食，是生态系统物质分解的最初加工者之一。对大型土壤动物的饲养研究在国内外均有报道，但对马陆所作的研究在国内尚未见到；通过对马陆的生态分布及摄食量等的研究，可以探讨并揭示该类群在森林生态系统物质分解过程中的功能。

千足虫马陆并不是一生下来就有这么多足的。出生的幼虫只有 7 节，蜕皮一次增至 11 节，有 7 对足；二次蜕皮后增至

15 节，有 15 对足；经过几次变态发育后，体节逐渐增多，足也就随之增加，成为出名的"千足虫"。

当然，其他还有许多种类的千足虫。有的身体较小，才 2 毫米长，和大马陆相比，它们的足少得多。在北美巴拿马山谷里有一种大马陆，全身有 175 节，加起来共有 690 只足，可以说是世界上足最多的节肢动物。

千足虫行走时左右两侧足同时行动，前、后足依次前进，成波浪式运动，很有节奏。不过，它虽然足很多，但行动却很迟缓。

萤火虫为什么会发光

萤火虫，鞘翅目萤科昆虫的通称。全世界约 2000 种，分布于热带、亚热带和温带地区。萤火虫的眼睛半圆球形，雄性的眼常大于雌性。腹部 7～8 节，末端下方有发光器，能发黄绿色光。

萤火虫夜间活动，卵、幼虫和蛹也往往能发光，成虫的发光有引诱异性的作用。幼虫捕食蜗牛和小昆虫为食，喜栖于潮湿温暖草木繁盛的地方。成虫仅仅进食一些露水或花粉等。科学家研究表明，有一种萤火虫，是要靠雌虫吃掉雄虫来繁衍并且保护后代生存的，这种"致命情人"目前还没有在中国发

现，它们大多生活在北美。它们不像中国的萤火虫成虫那样，一生不取食，或者仅仅食用花粉及露水等，它们是标准的捕食昆虫。这种萤火虫可通过模仿其他种类萤火虫的雌性闪光来"引诱"雄性，等雄性萤火虫以为自己的求爱得到应答，赶来幽会时，就会被对方吃掉。

常见萤火虫的光色有黄色、红色及绿色。亮灯是耗能活动，不会整晚发亮，一般只维持2～3小时。成虫寿命一般只有5天～2星期，这段时间主要为交尾繁殖下一代。

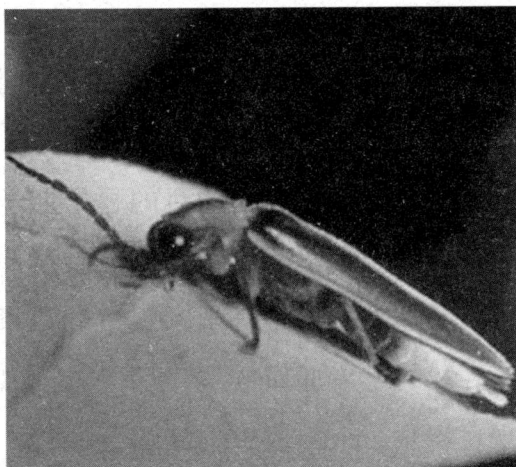

由于不同种类的萤火虫发光的型式不同，因此在种类之间自然形成隔离。萤火虫中绝大多数的种类是雄虫有发光器，而雌虫无发光器或发光器较不发达。虽然我们印象中的萤火虫大多是雄虫有2节发光器、雌虫有1节发光器，但这种情况仅出现于熠萤亚科中的熠萤属及脉翅萤属。而像台湾窗萤，雌雄都有2节发光器，两者最大的区别在于雌虫为短翅型，而雄虫则为长翅型。

萤火虫的发光器是由发光细胞、反射层细胞、神经与表皮等组成。如果将发光器的构造比喻成汽车的车灯，发光细胞就有如车灯的灯泡，而反射层细胞就有如车灯的灯罩，会将发光细胞所发出的光集中反射出去，所以虽然只是小小的光芒，在

黑暗中却让人觉得相当明亮。

萤火虫的发光细胞内有一种含磷的化学物质，称为荧光素，而萤火虫的发光器会发光，起始于传至发光细胞的神经冲动，使得原本处于抑制状态的荧光素被解除抑制，在荧光素的催化下氧化，伴随产生的能量便以光的形式释出。由于反应所产生的大部分能量都用来发光，只有2%～10%的能量转为热能，所以当萤火虫停在我们的手上时，我们不会被萤火虫的光给烫到，所以有些人称萤火虫发出来的光为"冷光"。

至于萤火虫发光的目的，早期学者提出的假设有求偶、沟通、照明、警示、展示及调节族群等功能。除了求偶、沟通之外，其他功能只是科学家观察的结果，或只是臆测。直到近几年，才有学者验证了"警示"说。1999年，学者奈特等人发现，误食萤火虫成虫的蜥蜴会死亡，这证实成虫的发光除了找寻配偶之外，还有警告其他生物的作用；学者安德伍德等人在1997年以老鼠做的试验，证实幼虫的发光对于老鼠具警示作用。

萤火虫于夜晚的发光行为，以黑翅萤为例，就目前的研究发现，多是在日落后，雄虫开始在栖地上边飞边亮；在雄虫开始活动不久后，雌虫便开始出现于栖地周围的高处（一些种类雌虫也会发光，但只有发光器1节，雄虫则有2节发光器），从晚上7点一直到11点半左右，在其栖地可以见到成百成千的萤火虫发光，但差不多在晚上11点半过后，成虫便逐渐停止发光。而且雄虫发光的频率也有变化，并非整晚的发光频率都一样。

萤火虫发光的效率非常高，几乎能将化学能全部转化为可见光，为现代电光源效率的几倍到几十倍。由于光源来自体内的化学物质，因此，萤火虫发出来的"冷光"虽亮但没有热量。由于萤火虫的光不带辐射热，物理学家们认为这是非常理想的灯光，因一般东西发光时，同时也要发热，如点着了的蜡烛，电灯开亮后灯泡也热得发烫。然而人们并不需要灯光发热消耗能量，假使能创造出像萤火虫一样不发热的光来那将是很理想的。几十年前，人们模拟了萤火虫发光的原理创造出日光灯（萤光灯）来，基本上达到了这种要求。

在飞行中交配的蜻蜓

　　蜻蜓飞得很快，有些飞行时速可达 100 千米，而它又能在空中短暂停身不动。它飞行前进时不能灵活改变方向，要定住身体然后转向。在休息时翅膀仍旧外伸，即不能折叠翅膀，所以停留的地方要有相当的空间，多半在枝头或叶顶。

　　蜻蜓的交配与其他的昆虫有很大的区别，是在飞行中进行。雄蜻蜓用腹部末端的钩状物抓紧雌蜻蜓的颈部；雌蜻蜓腹部由下向前弯，把生殖孔接到雄蜻蜓腹部第二节下面的贮存精子器官，而后雄蜻蜓进行授精。蜻蜓为什么用尾巴点水？蜻蜓和其他许多昆虫都不一样，它的卵是在水里孵化的，幼虫也在

水里生活，所以它们点水实际上是在产卵。雌蜻蜓产卵到水里面，多数是在飞翔时用尾部碰水面，把卵排出。我们常见的所谓"蜻蜓点水"，就是它产卵时的表演。

通过对蜻蜓的研究，人类发明了直升机。直升机的概念最早可追溯到中国古代的竹蜻蜓。据有据可查的历史记载，在晋朝葛洪所著的《抱朴子》一书中就描绘了通过旋转的竹蜻蜓垂直升空的情景和可以通过旋转的螺旋桨产生垂直的向上拉力，被认为是世界上最早的对垂直起降直升机基本原理的描述。尽管这些记载尚缺乏可靠的依据，但竹蜻蜓对世界航空发展的贡献是举世公认的。

早在热气球发明之前，竹蜻蜓就作为玩具传到了欧洲，它的奇妙的垂直升空原理被欧洲人看作是一种航空器来进行研究。西方的许多航空先驱者都是从竹蜻蜓中悟出了一些重要航空原理。蜻蜓通过翅膀振动可产生不同于周围大气的局部不稳定气流，并利用气流产生的涡流来使自己上升。蜻蜓能在很小的推力下翱翔，不但可向前飞行，还能向后和左右两侧飞行，其向前飞行速度可达 100 千米/小时。此外，蜻蜓的飞行行为简单，仅靠 2 对翅膀不停地拍打。科学家据此结构基础研制成功了直升飞机。

飞机刚发明时，机翼在飞行中会发生颤振，飞得越快，颤振越厉害，甚至造成机翼断裂，机毁人亡。飞机设计师对此束手无策。后来他们想到地球上有 35 万种会飞的昆虫，好像神创造的 35 万种微型飞机，何不向它们请教呢？

人们再次想到蜻蜓，因为它的外形很像双翼飞机。正当人们面对薄得透明的蜻蜓翅翼，对造物主的无穷智慧惊叹不止时，突然注意到翅翼上面有 4 颗黑痣，但研究不出它的作用。于是设计师们用外科手术刀小心地把翼痣刮去。结果蜻蜓飞行时飘来飘去，很不稳定。原来这四颗翼痣的作用是稳定蜻蜓的翅翼。于是飞机设计师们把飞机机翼的相应部位加厚加重，机翼颤振现象从此消失。

螳螂吃夫

在动物世界，至少有 138 种动物经常发生亲情残杀，互相吞食的现象：父母吃子女，子女吃父母，妻子嚼食丈夫，兄弟姊妹互相残杀。对动物这种亲情残杀的现象，人类也许无法理解，但对于动物来说，这种亲情残杀却是必需的，对繁衍强壮的后代以及控制群体数量是大有益处的。

公螳螂向母螳螂求爱是要以性命作代价的。交配前，公螳螂万般小心地偷偷地从后边向母螳螂靠近，爬爬停停，费很大

的力气，并在鼓足勇气后，突然按住母螳螂的身子与之交配。正当公螳螂心醉神迷之时，母螳螂闪电般回过头来一口把公螳螂的头咬下来并吃进肚里。母螳螂为什么要杀害与之交欢的公螳螂呢？这个问题一直使人们迷惑不解，直到1990年动物行为学家才解开了这个千古之谜：母螳螂并不是气恼公螳螂施暴，怒火中烧而杀夫，而是为了刺激公螳螂生精并确保精液持续注入其体内。原来，公螳螂神经系统的抑制中心在头部，一旦公螳螂丢掉了脑袋，随之也就失去了抑制机能，没有头的公螳螂躯体内的精液就会流入母螳螂体内，确保卵子受精。母螳螂一边交配，一边从公螳螂的头往尾部咬去，一直吃到公螳螂的腹部为止，这时，母螳螂不仅吃饱了，而且体内卵子也充分受精了，可以把获得丰富营养的卵子产下来。

但科学家也有另外的发现。1984年，两名科学家里斯克和戴维斯虽然同样在实验室里观察大刀螳螂交尾，但是做了一些改进：他们事先把螳螂喂饱，把灯光调暗，让螳螂自得其乐。人不在一边观看，而改用摄像机记录。结果出乎意料：在30场交配中，没有一场出现了吃夫。相反地，他们首次记录了螳螂复杂的求偶仪式：雌雄双方翩翩起舞，整个过程短的10分钟，长的达2个小时。里斯克和戴维斯认为，以前人们之所以

频频在实验室观察到螳螂吃夫，原因之一是因为在直接观察的条件下，失去"隐私"的螳螂没有机会举行求偶仪式，而这个仪式能消除雌螳螂的恶意，是雄螳螂能成功地交配所必需的。

另一个原因是因为在实验室喂养的螳螂经常处于饥饿状态，雌螳螂饥不择食，把丈夫当美味。为了证明这个原因，里斯克和戴维斯在 1987 年又做了一系列实验。他们发现，那些处于高度饥饿状态（已被饿了 5~11 天）的雌螳螂一见雄螳螂就扑上去抓来吃，根本无心交媾。处于中度饥饿状态（饿了 3~5 天）的雌螳螂会进行交媾，但在交媾过程中或在交媾之后，会试图吃掉配偶。而那些没有饿着肚子的雌螳螂则并不想吃配偶。可见雌螳螂吃夫的主要动机是因为肚子饿，但是在野外，雌螳螂并不是都能吃饱肚子的，因此，吃夫现象还是时有发生。

以木材为食的白蚁

人们常把白蚁和蚂蚁混为一谈，其实它们没有亲缘关系。蚂蚁属于膜翅目，与蜜蜂亲缘近，要通过蛹期才能变成成虫。白蚁属于等翅目，与蟑螂亲缘相近。幼蚁经过几次蜕皮变为成虫，没有蛹期。白蚁喜欢吃木质纤维，破坏建筑，是世界性害虫。至少 2 亿年前白蚁就生活在热带、亚热带地区，而蚂蚁在

7000万年前才出现。另外体色也不一样：白蚁多为乳白或灰白色，而蚂蚁多数为黄色、褐色、黑色或橘红色。

白蚁是社会性昆虫，蚁王和蚁后只管交配产卵，蚁后个体比其他白蚁大几十倍，一生可产卵5亿枚。兵蚁勇猛善斗，负责站岗放哨，保卫家园。工蚁担负蚀木材，运送食物，照料幼虫，修筑巢穴的使命。白蚁的巢穴结构复杂。主巢建有蚁王和蚁后的王宫，周围巢片居住着忠实的兵蚁，蜂窝状副巢中居住放以万计的工蚁。有无数弯弯曲曲的宽畅隧道，总长数百米。有的食菌类白蚁还在巢内建几个至几十个菌圃。培养菌类以供食用。非洲和大洋洲的白蚁巢是高耸于地上的蚁塔，有圆锥、圆柱、金字塔等形状，一般高3~5米，最高的可达7本以上，占地100多平方米。蚁塔外层是工蚁用土粒、动物粪便和唾液粘连的保护层，厚50厘米，像石头一样坚固，能经受风雨侵袭。

白蚁嗜食木材，严重破坏房屋建筑、铁路桥梁，危害农作物和园林树木，还能使河岸、堤坝溃于一旦。由于白蚁活动隐蔽，不易被察觉，常造成突发性灾害。